知りたい！
考えてみたい！
どうぶつとの
暮らし

川添 敏弘　監著

山川 伊津子・堀井 隆行・橋本 直幸　著

駿河台出版社

SURUGADAI SHUPPANSHA

はじめに

　2020 年に発生した新型コロナウィルスは瞬く間に世界中に広がり、私たちの生活を一変させました。今まで当たり前と思っていた自由な行動が制限され、人と会うこともままならず、仕事も勉強も遊びもリモートが大きな割合を占めるようになりました。私たち大学教員も、オンライン授業という今まで体験したことがない体制によって、教育を維持していきました。

　家の中での時間が多くなり、限られた空間の中で何とかその生活を豊かなものにしようと多くの人が始めたのがペット飼育です。ペットショップは想定外の好景気となり、保護施設でも多くの動物が譲渡され、開所以来保護動物が初めてゼロとなった施設もあったようです。ただ、しばらくして、人々がまた外に出始めると、飼い始めた動物を手放すという状況も現れてきました。人の都合により、動物達は翻弄されていきます。

　動物は私たちにたくさんのことを与えてくれます。楽しさ、癒し、健康、社会とのつながりなど、動物と暮らすことで人は多くのものを手にすることができます。その一方で、飼育放棄、動物虐待、多頭飼育崩壊、ペットロスなど人と動物の両者に関係するさまざまな問題が発生していることも事実です。

　「動物と暮らす」ということは一体どういうことなのだろう、と改めて考えてみたいという想いが今回の私たちの執筆につながりました。前著『知りたい！やってみたい！アニマルセラピー』の改訂版という形で新たな執筆者を加え、それぞれの専門分野の視点からより良い人と動物の暮らしを探っていきました。

　1 〜 4 章は人と動物の関係の歴史、アニマルセラピー、ペットロス、

そして人と動物の双方に関わる問題として Veterinary Social Work（動物医療ソーシャルワーク）を取り上げました。5章は必ず訪れるペットとの別れについて臨床の獣医師の立場から述べています。6章は、自然災害が増えつつある日本で今後必ず必要となるシェルターメディスンについて新たに加えました。そして、7・8章は、犬と幸せに暮らすためのトレーニングについて、分かりやすく述べています。

　関心のあるどの章から読み始めていただいても大丈夫です。読者の皆さまの動物との暮らしが、ともに楽しく快適なものとなることを著者一同願っています。

山川伊津子
著者一同

目　次

> ①"トイレ"の前に"寝床"から
> ②"甘噛み"は"咬みつき"のはじまり？
> ③要求と注目獲得の恐るべき執念
> ④STOP！破壊、誤飲・誤食、食糞
> ⑤ケアを嫌がらないで！
> ⑥"我が道を行く"お散歩
> ⑦人（犬）を嫌いにならないで
> ⑧いい子にしててね！お留守番
> ⑨取らないから守らなくてもいいよ

> お勉強コーナー1：覚えておきたい学習理論のきほん
> お勉強コーナー2：どうして叱っちゃいけないの？
> お勉強コーナー3：社会化ってなんだろう？

動物が私たちにもたらすもの

第1章

　人と動物の関係は古から続くものであり、人は動物から様々な恩恵を受けてきた。狩りの対象だった野生動物が家畜となり多様な役割を担い、また宗教の対象として人を精神的に支えてきた側面もある。現代社会においては、多くの人が身近な動物であるペットをパートナーとして生活をともにしている。人はどうしてこのように動物に魅かれるのか。動物は我々にどのような影響をあたえるのか考えてみたい。

1　人と動物の関係の歴史

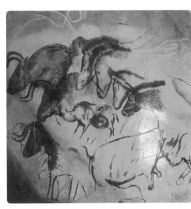

▲ 写真1 ショーヴェ洞窟壁画 (フランス)

　有史以来人と動物は様々な関係を結んできた。最も古い洞窟壁画の一つであるフランスのショーヴェ洞窟の壁画 写真1 は 32,000 年前のものとされるが、今は絶滅して存在しない動物を含め野生の馬やサイ、ライオンなど複数の動物が生き生きと描かれている。また、2019 年にインドネシアで発見された洞窟壁画には、原始の人間が小

家畜化された時期と地域		
動物	時期	場所
犬	3～5万年前	中東
猫	9,500年前	中東
山羊	9,000年前	西アジア
羊	9,000年前	西アジア
牛	8,000年前	西アジア
豚	8,000年前	西アジア
馬	6,000年前	中央アジア
鶏	4,000年前	南アジア

型の動物を狩る場面が描かれ、44,000年以上前のものと考えられている。原始時代の人々にとっての動物は狩りの対象としての野生動物を意味し、動物は身近な存在であったと理解できる。

その後、人は野生動物を飼いならすようになり、自分たちの生活に役立てるようになった。いわゆる家畜化である。犬の家畜化は最も古く、3～5万年前とされている。どのような経緯で犬が狼から家畜化されたかは想像の域を出ないが、人は犬によって身の安全を確保し、犬は安定した食生活を手に入れ、双方ウィン・ウィンの関係が生じたとされている。牛や山羊、羊などが家畜化されたのはおよそ1万年前ということが最近の研究で分かってきた。馬はもう少し後となる。人は徐々に様々な動物の家畜化を進め、自分たちの生活を豊かにするために動物を活用し始めた。人にとっての家畜は、食料（肉・乳ほか）、労働力（農耕、運搬他）、日用品（衣類、道具他）、移動（騎乗、馬車他）、警護など実用的な目的を持ったものであった。

さらに、人と動物の関係として、信仰の対象としての動物があげられる。古代エジプトでは猫は神とあがめられて神殿を闊歩し、門外不出の動物であり、富裕層と同様にミイラとされた。猫をかたどったバステト神 写真2 は、豊穣神として敬われた。また、アメリカ先住民は自然と深く関わる生活を営む中で自然界の万物に宿るスピリットを崇拝し、動物もその一つとして信仰のシンボルとした。

このように、人は様々な目的をもって動物たちを使用してきた。現代社会に暮らすわれわれにとってもっとも身近な動物はペットであり、多

くの人が家庭で飼育する動物と情緒的な関係を結んでいる。実用性のない動物の飼育は、歴史的にみると一部の特権階級の愛玩動物が大半であった。イギリス王室は代々犬好きで知られているが、チャールズ1世（1660-1680）の子どもたちの肖像画には犬が描かれているものが複数ある。キャバリア・キング・チャールズ・スパニエルはその名前が示すように、チャールズ1世のお気に入りの犬種であった。紀元前1500年ころ地中海のマルタ島に持ち込まれ改良されたマルチーズも、イギリス王室でかわいがられた犬種だ。中国の宮廷内で飼育されていたペキニーズや日本で座敷犬といわれた狆（ちん）など、愛玩犬は世界中の王侯・貴族の間で飼育された。

　その後、20世紀に入り産業革命が始まると、貴族の称号を持たない中産階級の人々が貿易や工業で財を成し、貴族と同様に動物（主に犬）を飼育することが一種のステイタスとなった。この時代に、イギリスでは初めて血統書が作られ、ドッグショーが始まった。そして時代とともに一般の人々に経済的な余裕ができ、都市化による人間関係の希薄化など様々な社会的背景が加わり、犬や猫を中心とするペットは人間社会で人と生活をともにするようになった。家庭内で飼育される動物はコンパニオンアニマル（伴侶動物）と呼ばれるようになり、家族のような存在とされる場合も多い。

　日本では1990年代にペットブームが始まり、多くの人が家庭内で

子どもとイヌ・ネコの数

14,650,000	子ども*1（15歳未満）
7,053,000	犬*2
8,837,000	猫*2
15,890,000	犬・猫合計

＊1 総務省統計局（2022年4月1日現在）
＊2 ペットフード協会（2022年12月現在）

様々な動物を飼育するようになった。犬は 2008 年をピークにその後緩やかな減少傾向にあり、猫も 2008 年をピークに減少に転じたが、2011 年から 2019 年までは微増の傾向にある[1]。現在の犬と猫の総数は 15 歳未満の子どもの数を大きく上回り、少子化の影響もありその差は年々大きくなっている。

ヴィクトリア朝のペット事情

19 世紀イギリスの中産階級で一大ペットブームが沸き起こった時、その中心となったのは犬でした。なぜそれほどまでに犬の人気が出たのかという理由の一つが、犬の性質が当時の家庭礼賛の価値観と結びついたという点にあります。

ヴィクトリア朝のイギリスは、世界をまたぐ植民地支配や産業革命による経済発展により、大英帝国として繁栄を極めました。

ランドーシア作「ヴィクトリア女王と家族」

そうした中でしのぎを削って働く戦士のような男性たちが戻る憩いの場所として、家庭は重きを置かれました。疲れて帰ってくる主人の安らぎの空間であった家庭の中にあって、犬の持つ忠誠心や無邪気さや愛情深さが大いに求められたのです。犬は主である男性ばかりでなく、女性や子どもにとっても癒しの対象であり、犬によって家庭は精神的充足感を満たす働きを強めたといえます。

また、犬たちが家庭の中で果たした役割は、当時の女性がなすべき役割とも似ていました。女性である妻や娘は、外で過酷な仕事を終えた夫や父親を迎え、家庭で安らぎや憩いを与える存在であると考えられていたのです。女性は家にいて、有閑（暇を持て余すこと）であることが大切とされていました。女性には財産も選挙権もなく、弱く、傷つきやすく、守られるべき存在として考えられていたのです。昔は日本でも女性は「幼きは父に従い、嫁しては夫に従い、老いては子に従う」と言われていましたが、日本もイギリスも当時女性に対して同じような価値観をもっていたことが分かります。時代によって女性も犬も、ものの捉え方は変わるものです。

2 人と動物の絆と愛着

　家庭の中で家族とともに生活をするようになった動物は、人との物理的距離を縮めると同時に心理的な距離も近づけていった。人と動物の情緒的関係は、「ヒトと動物の絆（Human Animal Bond）」や「愛着 (Attachment)」と呼ばれている。

　愛着とはイギリスの児童精神科医ボウルビィが提唱した理論で、「乳児と最初に出会う養育者との間に形成される特別な情緒的関係」を指す。乳児の愛着形成の特徴としては、があげられる。

乳児の愛着形成の特徴

① 愛着の対象となる人物と接触しようとする

② いなくなると悲しそうなそぶりを示す

③ 対象とその他の人を区別し、対象にはリラックスして気持ちよさそうである

　乳児と主たる養育者との間に結ばれるこの特別な関係が、人と暮らす動物とその飼育者との間に結ばれる心理的関係に似ていることから、人と動物の情緒的関係は「愛着」と表現されることがある。さらに、飼い主との間に愛着が形成された動物を、近年「コンパニオンアニマル」と呼ぶ場合がある。「コンパニオン」とは「親友、朋、パートナー」などの意味を持つ言葉である。従来の一方的に可愛がるという印象をもつ「愛玩動物」とは異なり、コンパニオンアニマルは人と同等に近い存在としての親しい動物という意味がこめられる。ただし、従来から使われている「ペット」という言葉が、コンパニ

---

*¹ 猫の飼育数は 2020 年はわずかな減少に転じている。また、犬・猫ともに新規飼育者数は2018 年を底に 2019 年、2020 年ともに増加している。特に 2020 年は新型コロナ禍の影響があると考えられる。

オンアニマルの意味で用いられることもある。日本でのコンパニオンアニマルは、犬・猫を中心として鳥、エキゾチックアニマル（ウサギ、モルモット等）など小動物が中心であるが、欧米、特にアメリカではミニブタ、ポニー、ラマなどの中型動物も人に身近な動物として飼育されている。

（1）人のライフステージにおける動物との絆

ライフステージとは、人の一生における各段階を指し、通常年齢に沿って幼年期・児童期・青年期・壮年期・老年期に分けられる。家庭の中で人と愛着を形成した動物は、ライフステージの各段階において、様々な働きをする。

幼い子が発する幼児語には「ワンワン」、「ニャンニャン」など動物に関するものが多くあり、子どもにとって動物は身近な親しみのある存在である。物言わぬ動物と暮らすことは相手の状態や気持ちを思いやる共感性を促進し、情緒教育や生命尊重教育にも貢献すると言われている。子どもがともに暮らす動物の世話をできる範囲内ですることは、責任感や自己肯定感につながることもある。

青年期は自我が発達し自分は何者であるのか、何になりたいのかというアイデンティティ（自我同一性）を模索する時期である。同時に、周りの大人に反発する時期であるが、身近な動物たちはそのような青年にとっても心を許せる存在となる。バディ(仲間)としての親密性をペットに持つ青年もいる。

壮年期は仕事やプライベート公私ともに忙しい時期であり、様々なストレスを抱えることとなる。人間関係の難しさに悩む人が多いが、ペットはありのままの自分を受け入れ安心感を与えてくれる。他者との関係のわずらわしさを忘れ、身近な動物の存在によって癒され、救われる人も多い。

老年期は加齢による身体能力の衰え、第一線から退くことに伴う社会的なつながりの減少、周りの知人との死別など様々な喪失を体験する時期である。ペットは高齢者の身近なパートナーとなり心を支え、ペットの世話で体を動かすことは身体能力の維持にもつながり、散歩仲間などペットを

通して他者とつながることもできる。

　このように乳幼児期から高齢期まで人の一生の様々な段階で私たちを支えてくれるペットであるが、ともに暮らす動物がどのような効果や利益を人に与えるのか、その要因を3つの側面から考えてみる。

3　動物が人に与える効果

　1970年代より欧米を中心として、人と動物の関係に関する研究が進んできた。動物が人に与える影響について様々な知見が発表されてきたが、その効果は大きく3つに分類することができる。

（1）心理的効果

　多くの飼い主がペットといると癒されると言う。癒しの定義は曖昧であるが、気持ちが穏やかになり落ち着く、すなわち心理的なストレスが減少するということができる。情緒的なサポートとも考えられる。ペットに対して「かわいい」という言葉がよく使われるが、これも肯定的な意味をもつ。高齢者施設などでの犬とのふれ合い活動の時にもっとも印象的

写真3 はじける笑顔。高齢者施設でのふれ合い ▼
介護付有料老人ホーム
カーロガーデン大塚での活動

なのは高齢者の笑顔であり、これも心理的効果のひとつと言える。

　また、子どもの動物飼育体験が共感性を高めると言われている。1990年代後半に青少年犯罪が社会的問題になった時、命の教育、共感性の向上を目的として動物飼育が奨励されたことがあったが、家庭においても学校・幼稚園においても動物は適正な環境で飼育されて初めて子どもにも良い影響が与えられることを忘れてはならない。さらに、責任感を持って動物を飼育す

ることは、その責任を遂行する自信や自己肯定感*²にもつながる。言葉の通じない動物を相手にするには一方的な押し付けだけでは無理で、忍耐力や自律心も培われるといえる。

（2）生理的・身体的効果

　人と動物の関係に関する古典的な研究の一つとして、フリードマンらの研究がある（1980）。これは心血管系の疾患を有する人を対象にしたもので、ペットの飼い主が飼い主でない人よりも退院1年後の生存率は高かったというものである。現在に至るまで、動物が人に与える身体的効果については多くの知見が発表されている。また、2000年代に入ると "Dog Walking（ドッグウォーキング）" と言われる犬の散歩が人の健康面に与えるメリットに関する研究が発表されるようになった。特に高齢者にとって、犬との散歩は身体的効果が大きいと言われる。（一社）ペットフード協会は毎年犬猫飼育実態調査を実施しているが、2017年の「シニアにおける犬飼育実態」では、70代の高齢者が犬を飼い始めた理由として「健康不足解消のため」が他の世代よりも高いことが示された。

　人の内的な生理的効果についても、様々な研究が進んでいる。昨今話題となったのは、オキシトシンと言われるホルモンである。「幸せホルモン」と言われるオキシトシンは、乳児を持つ母親から出されるホルモンで、幸福感や肯定的な感情に寄与するとされる。飼い主と愛犬との間にもこのオキシトシンが分泌されるという研究があり、動物が人に与える効果の一つとして注目されている。

（3）社会的効果

　ペットの社会的効果についても、1970年代から研究が進んできた。ペッ

---

*² 心の奥底で自分の存在を承認し、長所だけでなく欠点も含めて自分には価値があると思えること。

トの飼育が他者とのコミュニケーションを増加する社会的潤滑油としての働きがあることは、ペットの飼育者であればだれもが経験することではないかと思われる。欧米では1970年代からこの分野においての研究も進んでいたが、代表的なものとしてマグフォードらの研究がある。これは独居高齢者のセキセイインコの飼育により、飼い主のコミュニケーションが増加したというものである。ここから社会的潤滑油としてのペットの役割が知られるようになった。少子高齢社会の現代日本において、ペットは子どもやパートナーのような存在であると同時に人と人をつなぐ役割も果たし、ソーシャルネットワークの構築に寄与しているといえる。

　WHO（World Health Organization：世界保健機関）では人の健康の定義を次のように述べている。

┌───┐
│ 健康とは、病気でないとか、弱っていないということではなく、<u>肉体</u> │
│ <u>的</u>にも、<u>精神的</u>にも、そして<u>社会的</u>にも、すべてが満たされた状態に │
│ あることをいう。（下線筆者） │
└───┘

WHOが定めるところの人の健康が身体的、精神的、社会的という3つの側面をもつとすれば、動物たちはその各々に対する効果を発揮することが可能であり、動物は人の健康にも貢献するといえる。

参考文献
1) アーダーム・ミクローシ(著),小林 朋則(訳)(2019)犬の博物図鑑　原書房
2) 本郷一美（2008）ドメスティケーションの考古学　総研大ジャーナル　13号
3) 石田戢・濱野佐代子・花園誠・瀬戸口明久. (2013). 日本の動物観　人と動物の関係史. 東京大学出版会
4) 鬼頭葉子（2015）現代キリスト教思想における動物倫理の位置づけ　宗教哲学研究 32巻
5) Masahiko Motooka, Hiroto Koike, Tomoyuki Yokoyama and Nell L Kennedy (2006) Effect of dog-walking on autonomic nervous activity in senior citizens MJA Volume 184 Number 2
6) 三神和子（2007）ビクトリア朝のペットブームと犬泥棒　東京女子大学紀要
7) 野呂浩（2011）アメリカ・インディアン研究—米国先住民の世界観、歴史および法的地位—東京工芸大学工学部紀要 Vol. 34 No.2
8) 桜井富士郎・長田久雄（2003）「人と動物の関係」の学び方—ヒューマン・アニマル・ボンド研究って何だろう　インターズー
9) 社団法人日本精神保健福祉士協会・日本精神保健福祉学会（監）(2006) 精神保健福祉用語辞典　中央法規
10) 山川伊津子　動物がヒトに与える効果（2015）　川添敏弘（監）知りたい！やってみたい！アニマルセラピー　駿河台出版社
11) 山川伊津子（2019）ペットの飼育　認定動物看護師教育コアカリキュラム2019準拠 応用動物看護学1　エデュワードプレス
12) 公益社団法人 日本WHO協会　健康の定義
　　https://japan-who.or.jp/about/who-what/identification-health/
13) 一般社団法人ペットフード協会　2020年（令和2年）全国犬猫飼育実態調査 結果
　　https://petfood.or.jp/topics/img/201223.pdf
14) 一般社団法人ペットフード協会　平成29年（2017年）全国犬猫飼育実態調査 結果
　　https://petfood.or.jp/topics/img/171225.pdf
15) 総務省統計局（2020）我が国のこどもの数
　　https://www.stat.go.jp/data/jinsui/topics/topi1251.html

アニマルセラピーの
これまでとこれから

mew
mew

1990年代に日本でもペットブームが起こると同時期にアニマルセラピーという言葉が社会の中でよく聞かれるようになった。社会的に浸透している言葉であり、漠然と「動物による癒し」と理解されているが、「アニマルセラピー」にはいくつかの種類があり目的も介入の仕方も異なる。ここではアニマルセラピーの種類と定義をのべ、それぞれどのような内容の活動が実施されているのかを紹介する。

第2章

1 アニマルセラピーの歴史

（1）古代から第二次世界大戦まで

　人の健康面におよぼす動物の影響については、古代ギリシャからその記録が残っている。5,000年以上前のギリシャでは、「シノセラピスト（cynotherapist）」と呼ばれるヒーリングドッグが神殿のなかを徘徊し、傷病者をなめて癒したとされている。また、ギリシャ神話の中に登場するアスクレピオスは医療の神であり、彼が持つ杖には蛇が巻き付いている。このことから杖と蛇は医療や医術のシンボルとされ、WHO 図1 や米国医師会など健康や医療と関連がある団体のロゴの一部として用いられている。

▲ 図1 WHO のロゴ
杖と蛇が描かれている

紀元前500年頃、同じくギリシャでは、治療目的のために乗馬を利用したことも記録されている。

9世紀のベルギーのギールでは、精神疾患を有する人のコロニー[*1]があり、そこでは入所者が動物の世話をしていた。これは特別なニーズを必要とする人のために動物を介入させた初めてのプログラムといえる。

1790年代、当時精神病患者が非人間的扱いを受けていたなか、イギリスのヨーク州に設立されたヨーク・リトリート 絵画1 では、患者を人道的

▲ 絵画1 ヨーク・リトリート

に扱い、敷地内で飼育する動物を介して作業療法が実施されていた。ヨーク・リトリートの実践は記録として残る初めての動物介在療法であり、ここでは薬の使用や拘束を減らすことを目的に、精神疾患の治療に積極的に動物が導入された。

近代看護学の祖とされるナイチンゲールは、看護への動物の導入を提案している。その著書『看護覚え書き』のなかで、「小さなペットなどは、病人、とりわけ長期の慢性病の病人にとっては、こよなき友となることが多い」と語り、慢性疾患を持つ患者にとっての小動物の有用性を説いている。

1867年、ドイツのビーレフェルトでは、てんかん患者のための入所施設、ベーテルが設立された。開設当初から、ここでは農場の動物は治療に欠く

---

*1 コロニー：障害者の集団が共同生活を営むための小さな地域共同体を形成したものを指す。

ことのできない存在であった。この施設は現在でも精神障害者、知的障害者、高齢者、ホームレスなど、社会生活を送ることに困難を有する人のための福祉コミュニティーとして支援を提供し、その一環として農作業と乗馬による治療が実施されている。

　アメリカにおける初めての動物介在療法の実施は、1942 年にワシントン DC にあるセントエリザベス病院で、犬が精神疾患患者の治療に導入されたことであった。同年ニューヨーク州パウエルの陸軍航空隊療養センターとアメリカ赤十字社では、負傷した退役軍人の健康回復のために家畜を用いた農作業が開始され、負傷兵を動物と積極的に接触させた。しかし、第二次世界大戦が勃発し、動物介在療法は徐々に実施されなくなっていった。

（2）第二次世界大戦後

　人の医療分野における動物の存在が再び注目を集めるようになったのは、1961 年にアメリカの児童精神科医であるボリス・レビンソンが心理療法の協働セラピストとしての犬の働きについて発表してからである。1953 年の臨床現場における犬の有用性についての発見は、偶然のものであった。予約時間より早めに現れた一人の緘黙（かんもく）の少年は、他者とのコミュニケーションに問題があったが、たまたまその場にいたレビンソンの飼い犬であるジングルズに話し始めたのである。他者とは話すことが困難な少年が動物とコミュニケーションをとれることが分かり、レビンソンは治療の現場に犬を介在させて研究を始めた。そして、1961 年『子どものためのアニマルセラピー（Pet-Oriented Child Psychotherapy）』を出版し、動物が人の治療に与える効果について発表した。現代の動物介在療法はここから出発したといえる。

　レビンソンの発表後、動物介在療法を含む人と動物に関する科学的な研究は、リハビリテーション・生理学・行動学・心理学、その他多様な分野

で研究と実践が進み、さまざまな知見が得られてきた。これらの「人と動物の関わり（Human Animal Bond / Human Animal Interaction）」に関する初めての国際会議が 1979 年にスコットランドのダンディーで開催された。その後 1991 年に、研究発表の場として IAHAIO（International Association of Human Animal Interaction Organization：人と動物の関係に関する国際組織）が設立され、3 年に一度世界各地で大会が開催されている。IAHAIO は現在まで 5 つの宣言文や、ガイドライン、白書を発表し、人と動物の共生社会における行動規範を示してきた。

　日本におけるアニマルセラピーの先駆的実践としては、森田療法の作業期における動物飼育をあげることができる。森田療法においては、精神疾患（神経症）を有する患者が動植物の世話をすることにより自らの不安や恐怖のとらわれから脱却し、「あるがまま」を受容する自然治癒力の発動を促すとされる。1920 年代から始まった森田療法は、現在も形を変えながら続けられている。

　1970 年代から欧米において発展した人と動物の関係についての研究や活動は、日本においても 90 年代に入り徐々に盛んになり、1994 年には日本動物病院福祉協会（現 日本動物病院協会）が CAPP 活動（Companion Animal Partnership Program：人と動物のふれあい活動）を開始した。この活動は、現在も全国で展開されている。その後ペットブームとともに人と動物の絆（Human Animal Bond）が深まるにつれて、高齢者施設、児童施設、福祉施設などにおけるアニマルセラピー活動が数々の団体によって実施されてきた。2007 年には IAHAIO の東京大会が開催され、その後様々な研究や活動が行われ、日本国内でも人と動物の関係に関する研究が発展してきている。

　近年、人と動物の関係の一つの形として、"One Health" と "One Welfare" という言葉が使われるようになった。これは人の健康（医療）・

セラピー犬ジングルズ

　「ジングルズ」という犬を知っていますか。「アニマルセラピーのフロイト」と言われるレビンソン博士の愛犬です。レビンソン博士はアメリカの児童心理学者でニューヨークの一角に自分の診療所をもっていました。

　1953年のある朝早く、治療予約の時間よりも数時間前に患者さんの親子がやってきた時、ジングルズは机に向かって書き物をするレビンソン博士の足元で休んでいました。通常診察中ジングルズは別室にいたのですが、この時はひどく取り乱した両親が子どもを連れて約束の時間よりも数時間も前に来てしまったのです。このジョニーという子は引きこもり状態で、別のところですでに治療を受けていたのですが上手くいかずに、博士のところに初めての面接に来たのでした。親子を出迎えたレビンソン博士が母親と話している間に、ジングルズはジョニーのところへ行き、顔をなめはじめました。驚いたことに彼は怖がることもなく、犬を抱き寄せてかわいがり始めました。その様子をみた博士は二人をしばらくそのままにして、面接後も遊ばせました。

　ジョニーの治療はそのようにして始められ、犬と遊びながら会話をするジョニーとレビンソン博士は、徐々に信頼関係を結んでいきました。結果的に治療は成功したのですが、これは偶然の協力者・ジングルズのお手柄だったと博士は述べています。

　このようにして情緒障害児の治療の「ツール（道具）」として犬を使うことの効果を発見したレビンソン博士は、その後も研究を続け、1961年に論文にしてこれを発表します。賛否両論を巻き起こした発表でしたが、現在動物が人に与える効果を疑う人は誰もいません。ジングルズは世界で一番有名なセラピー犬としてこれからも語り継がれていくことでしょう。

福祉と動物の健康（医療）・福祉は一体であり、両者には強い関連性があるという考え方である。特にコロナ禍において、人獣共通感染症や公衆衛生という観点からワンヘルスが注目されるようになった。また、アニマルセラピーや補助犬のように動物が社会の中で活躍する際に、人の福祉だけでなく動物の福祉も大切にしようという考えがワンウェルフェアである。多職種が連携して人と動物の Wellness（健康）と Well-being（幸せ）を求め、共生社会の実現を目指すためのワンヘルス・ワンウェルフェアといえる。

◀ 写真1 高齢者施設での動物介在活動
犬が一緒だと会話も弾む
（介護付有料老人ホーム カーロガーデン大塚での活動）

2 アニマルセラピーの種類

　第1章で述べた動物が人に与える3つの効果を、個人にとどめず社会の中で活かしていく活動がアニマルセラピーである。アニマルセラピーにはいくつかの種類があり、それぞれ異なる目的と内容をもつ。以下、3つに大別される各プログラムについて述べる。

(1) Animal Assisted Activity（動物介在活動）

　アニマルセラピーとして多くの人が思い浮かべるのが、この活動ではないかと思われる。動物とふれ合うことが目的のプログラムで、レクリエーションの要素が強く、参加者のQOL（Quality of Life：生活の質）の向上を目指す。英語ではAnimal Assisted Activity（略AAA）と呼ばれる。日本で一般的に行われているアニマルセラピー活動の大半がこの動物介在活動である。ボランティアハンドラーと呼ばれる飼い主が、自分のコンパニオンアニマルを連れて施設訪問する場合が多い。訪問先としては高齢者施設が最も一般的で、入所者または通所者を対象としたふれ合い活動を実施する 写真1 。そのほかにも児童関連施設、福祉施設などがあり、海外では刑務所や少年院などでも活動が実施されている。また、施設で飼育する動物とふれ合う場を設けている施設飼育型の活動もある。

(2) Animal Assisted Therapy（動物介在療法）

　通称AATと呼ばれるAnimal Assisted Therapyは、動物とそのボランティア・ハンドラーの参加により医療専門家が治療目的をもって行う代替補完療法である。患者の選択、治療目的の設定、治療計画の作成・実施・

高齢者施設でのふれ合い活動

　2010年に開学したヤマザキ学園大学（現 ヤマザキ動物看護大学、東京都八王子市）は、日本で唯一の動物看護学部を擁する大学です。コンパニオンアニマルの看護を対象とする本学では、獣医学や動物看護学の他にも心理学や社会福祉学など人について、そして人と動物の関係についても多く学びます。2012年その中の一つ「アニマルアシステッドセラピー論」が市民への開講科目となり、近隣の高齢者施設の施設長さんが受講されました。

　全15回の授業終了後、うちの施設でもぜひアニマルセラピーを始めたいという申し出を受けて、大学との協働の活動が開始されました。大学からは獣医で臨床心理士（川添）、社会福祉士（山川）、動物行動学の専門家（堀井）という3名の教員が参加し、施設長とともに様々なコーディネート、評価を行い、2013年春から活動を開始しました。施設にとっては動物とふれ合えるという入所者さんのQOLの向上、大学にとっては教育や研究のフィールド、ボランティアさんにとっては愛犬とともに社会貢献ができる

場、としてウィン・ウィン・ウィンの活動となっています。新型コロナウィルスの影響でしばらく活動は休止となっていますが、またたくさんの笑顔あふれる活動が再開される時を施設もボランティアさんも私たちも楽しみに待っています。

　評価などは医療専門家によって行われる。通常医療関連施設で実施され、中心となるのは医師や理学療法士など医療従事者である。病院、リハビリテーション施設、心理療法のセッションなどの現場で、治療目的をもって動物を介在させていく。ハンドラーと動物は、プログラムを企画し実施する医療従事

▲ 写真2 動物介在療法
犬を使ってリハビリを実施
（写真提供：社会福祉法人 信愛報恩会信愛病院）

第❷章 ‥‥‥アニマルセラピーのこれまでとこれから

者と打ち合わせ、その指示に従い動く。医療従事者自身がハンドラーとなる場合もある。

　日本では医療現場における動物の衛生面を危惧する傾向が強く、動物介在療法の実施は限られているが、大学病院などでの活動も少しずつ広がってきている。

（3）Animal Assisted Education（動物介在教育）

▲ 写真3 **ワンちゃんと友達になろう！**
八王子市立秋葉台小学校での動物介在教育

　教育の現場に動物を介在させ、生命倫理や情操教育、あるいは学習意欲の向上を目的とするプログラムが Animal Assisted Education (AAE) である。アニマルセラピーの3つのプログラムの中ではもっとも遅くスタートしたもので、2001 年 IAHAIO のリオデジャネイロ大会において、動物介在教育のガイドラインが発表された。動物介在教育の一環として子どもが犬に本を読んで聞かせる "R.E.A.D." (Reading Education Assistance Dog) プログラムが全米規模で行われている。日本でも同様のプログラムが、東京の三鷹図書館他で実施されている。AAE は明確な目標をもって飼育あるいは訪問という形で動物を介在させる教育を指し、従来日本で実施されてきた学校飼育活動とは性質が異なる。

　このようにアニマルセラピーといっても目的の異なる複数のプログラムがあり、それぞれ、福祉、医療、教育の現場で活動を実施している 表1 。日本語のアニマルセラピーに相当する言葉として、英語では "Animal Assisted Intervention（動物介在介入）" が使われる。

	Animal Assited Activity (AAA) 動物介在活動	Animal Assited Therapy (AAT) 動物介在療法	Animal Assited Education (AAE) 動物介在教育
目的	動物とのふれあいによる 参加者の QOL の向上	動物を介在させた 代替補完療法	動物を介在させた情操 教育や学習意欲の向上
目標の設定	なし	あり	あり
実施者	ボランティア	医療従事者 ボランティア	教育関係者 ボランティア
実施場所	高齢者施設、ホスピス 障害者施設、刑務所など	医療関係施設	教育現場
記録	とらなくてもよい	とる（カルテ）	とる

表1 **AAA、AAT、AAE の比較**

3　これからのアニマルセラピー

（1）大規模病院での動物介在療法

▲ 写真4 **勤務犬ミカの動物介在療法**
聖マリアンナ医科大学病院

　日本のアニマルセラピー活動は、ふれ合いを中心とする動物介在活動が中心であり、ボランティアによる月に1〜2回程度のものが多い。2010 年から静岡県立子ども病院で導入された「ファシリティドッグ」は、常勤のセラピードッグが入院する子どもたちの心のケアを中心に活躍している動物介在療法である。2012 年に神奈川県立子ども医療センター、2019 年に東京都立小児総合医療センター、2021 年には国立成育医療研究センター（東京）でも導入された。手術の麻酔や処置の現場まで入り、子どもたちに寄り添っている。また子どもだけでなく、家族や医療スタッフの心理的な支えにもなっている。

　同様の取り組みが神奈川県の聖マリアンナ医科大学病院でも「勤務犬」として行われている。ここでは、成人を含めた重い病と闘う患者およびその家族に情緒的安定や闘病意欲の向上を促進させることを目的としている。ファシリティドッグも勤務犬も正式な常勤であり、カンファレン

スで動物介在療法が必要と判断された患者のもとへハンドラーとともに訪れる。ハンドラーはすべて人医療の看護師で、ハンドリングの教育を受けて現場に立っている。

(2) セラピーロボット

医療や福祉の現場で生きた動物を介入させる際に、一番の課題になるのが衛生面である。アニマルセラピーを実施したいと考えても、感染症等を危惧して実施を反対する関係者は多い。その点ロボットであれば心配はない。動物型ロボットは、おもちゃのようなものから学習機能を備えた精巧なものまで様々ある。もっとも活躍しているものに "アザラシ型メンタルコミットロボット パロ" がある。パロはコミュニケーションロボットとも言われ、動きや鳴き声などの非言語的な方法でコミュニケーションをとり、声掛けや撫でるなどの動作に鳴き声で応えたり、まぶたや脚を動かして反応したりする。さらに、パロのメリットは衛生面だけではない。重い認知症の方で力加減のコントロールが効かない場合など、犬を力強く握って犬にストレスを与えることが危惧されるが、ロボットであればそのような心配はない。また、声掛けをすれば鳴き声で応答するパロを、ロボットとは分からずに撫で続ける認知症の方もいる。介護現場などでパロの様な癒し型ロボットを介在させたセラピー効果の可能性についての研究が進んでいる。

今後、日本でも様々な形のアニマルセラピーの活動が展開されると期待できる。

グリーン・チムニーズ

　ニューヨーク州北部に、「グリーン・チムニーズ」と呼ばれる教育施設があります。本当に「緑の煙突」があるこの施設は、1947 年の創立以来、心や行動に問題を持つ子どもたちの教育、治療機関として世界中から注目されてきました。

　この施設の大きな特徴は、200 エーカー（東京ドーム約 14 個分）の自然豊かな広大な敷地の中で、動植物と関わりながら教育と治療を実施することです。グリーン・チムニーズの哲学は、ミリュー（環境）セラピー、グリーンケア、アウトドア教育、エコサイコロジー（環境心理学）、バイオフィリア（生命愛）の 5 つの柱で構成され、子どもたちは毎日のように担当する動物の世話をしたり植物を育てたりします。他者と関わることが苦手で人とコミュニケーションがうまく取れない子どもたちも、自然と日々接することを通して他者を信頼し、徐々に心を開いていくことができます。また、動物や植物の世話する中で、責任感や自信を身につけ、セルフエスティーム（自尊感情）や共感性を持つこともできます。崩壊した家庭の中で虐待を受けたり、犯罪に走ったりした経験のあるグリーン・チムニーズの多くの子どもたちにとって、他者を思いやり、相手も自分も大切にすることを学ぶのは、大きな意味があります。動物たちはそのための強力なサポーターです。

　ここには 200 名程度の子どもたちが、教育、心理、福祉、動物等の専門家を含む 600 名以上のスタッフの下で日々生活し、学んでいます。『動物たちが開く心の扉—グリーン・チムニーズの子どもたち』には、そこで暮らす数名の子どもたちについて、施設に来るまでの経緯や現在の様子が写真とともに描かれています。

　グリーン・チムニーズは動物介在療法と動物介在教育の分野で先駆的な働きをしてきました。世界中でこのような施設が増えることを期待しています。

大塚敦子著
『動物たちが開く心の扉
グリーン・チムニーズの子どもたち』

第❷章　アニマルセラピーのこれまでとこれから

参考文献

1) Born Ambra R (2008) The Relationship between humans and animals in animal – assisted therapy: A qualitative study. UMI Dissertation Publishing.

2) 濱野佐代子（2020）人とペットの心理学　北王子書房

3) 石田戢・濱野佐代子・花園誠・瀬戸口明久 (2013) 日本の動物観　人と動物の関係史　東京大学出版会.

4) 川原隆造(監修). 松田義・東豊(監訳). (2002). 子どものためのアニマルセラピー. B.M. レビンソン（著）. G.P. マロン（改訂）. Pet Oriented Child Psychotherapy. 日本評論社.

5) 菊水健史（2018）見つめ合うヒトとイヌ（オキシトシン）　惹かれ合うふたりのケミストリー、東京化学同人

6) 長江秀樹・長江千愛・佐野政子・星野薫・北川博昭（2018）大学病院に展開した動物介在療法―導入後 3 年での成果　聖マリアンナ医科大学雑誌 Vol. 46

7) 大塚敦子（2007）動物たちが開く心の扉　グリーン・チムニーズの子どもたち　岩崎書店

8) Robinson, I (Ed.) (1997)The Waltham Book Human-Animal Interaction Benefits and responsibilities of pet ownership　山崎恵子（訳）人と動物の関係学　インターズー

9) 桜井富士郎・長田久雄（2003）「人と動物の関係」の学び方―ヒューマン・アニマル・ボンド研究って何だろう　インターズー

10) 社団法人日本精神保健福祉士協会・日本精神保健福祉学会（監）(2006) 精神保健福祉用語辞典 初版 中央法規

11) 山川伊津子（2015）川添敏弘（監修）アニマルセラピーの歴史と概論　知りたい！やってみたい！アニマルセラピー　駿河台出版

12) 山川伊津子（2019）ペットの飼育　認定動物看護師教育コアカリキュラム 2019 準拠 応用動物看護学 1　エデュワードプレス

13) IAHAIO　https://iahaio.org/

14) 公益社団法人日本動物病院協会　アニマルセラピー 人と動物のふれあい活動（CAPP）
https://www.jaha.or.jp/hab/capp/

15) 文部科学省　子どもの発達段階ごとの特徴と重視すべき課題
https://www.mext.go.jp/b_menu/shingi/chousa/shotou/053/gaiyou/attach/1286156.htm

16) NPO 法人 神奈川子ども支援センターつなぐ　https://tsunagg.com/chdjpn

17) 聖マリアンナ医科大学病院　動物介在療法
https://www.marianna- u.ac.jp/houjin/lifelog/20190201_04.html

18) シャイン オン！キッズ　ファシリティドッグ・プログラム
https://ja.sokids.org/programs/facility-dog/#:~:text=

人と動物の両者に関わる問題：
Veterinary Social Work の提案

現代社会において、ペットは家族のような存在
となり様々な良い影響を人に与えてくれる。その一
方で、人と動物の両者に関わる問題も起きている。
地域問題化する多頭飼育崩壊や犯罪と動物虐待と
の関連性、高齢者が飼育困難に陥るケースなど、
人の福祉と動物福祉の双方が関わる問題である。
このような領域を Veterinary Social Work（動
物医療ソーシャルワーク）と呼ぶが、ここでは
この VSW について述べていく。

第**3**章

boing-
boing

1 Veterinary Social Work （動物医療ソーシャルワーク）

　VSW はソーシャルワーク（福祉）の一領域である。日本ではあまり聞
きなれないこの「ソーシャルワーク」について説明する。

（1）ソーシャルワークとは

　人が生活していくうえで、生まれてから亡くなるまで様々な問題が発生
する。社会福祉は個人が抱える生活上の問題解決を支援し、当事者の安寧 /
ウェルビーイングを求めるものである。子どもや家庭、高齢者、障害者な
ど各人が抱える問題を社会福祉の制度を活用して支援から解決に導くのが

ソーシャルワークであり、日本では社会福祉援助活動と呼ばれる。また、これらの問題を専門的な知識と技術、さらに倫理感を持って相談援助を実施するのがソーシャルワーカーであり、日本では社会福祉士や精神保健福祉士などがこれに相当する。ソーシャルワークは生活全般に対応するが、学校で発生する児童の生活問題を扱うスクールソーシャルワーク、医療の現場で患者を支援するメディカルソーシャルワークなど専門的な領域もある。人と動物の両者が関わる問題に対して介入していくのが Veterinary Social Work（動物医療ソーシャルワーク）と言われるものである。

(2) VSW

Veterinary Social Work は欧米を中心に実践されている。アメリカテネシー大学ノックスビル校ではソーシャルワークまたはメンタルヘルスの修士号取得者向けの継続教育の一環として、大学院で VSW の教育を実施している。ホームページには、VSW の説明として以下のように記載されている。

> Attending to human needs at the intersection of veterinary and social work practice
> （動物と人の双方が関わる局面での人のニーズに対する支援の提供）

また、VSW 宣誓では下記が謳われている。

> Tending to the human needs that arise in the relationship between humans and animals
> （人と動物の関係において起こる人のニーズへの対応）

具体的には VSW を4つの領域に分類している 図1 。どの分野においても、ベテリナリーソーシャルワーカーが専門の知識と技術を用いて介入し、当事者を支援していく。Animal Assisted Intervention（動物介在介入）については第1章で、Animal Related Grief and Bereavement（動物

に関わる悲嘆と死別）
については第4章で
述べるため、本章で
は The Link between
Human and Animal
Violence（対人暴力
と動物虐待の連動
性） と Compassion
Fatigue and Conflict
Management（共感

図1　Veterinary Social Work の4領域

Compassion Fatigue and Conflict Management
（共感性疲労と葛藤のマネジメント）
④

Animal Related Grief and Bereavement
（動物に関わる悲嘆と死別）
①

Veterinary Social Work

The Link between Human and Animal Violence
（対人暴力と動物虐待の連動性）
③

Animal Assisted Intervention
（動物介在介入）
②

参考：テネシー大学ホームページ

性疲労と葛藤のマネジメント）、さらにこの図には含まれないその他の
VSW について説明する。

2 The Link between Human and Animal Violence
（対人暴力と動物虐待の連動性）

　人の犯罪と動物虐待との関連の本格的な研究が始まったのは 1960 年以
降である。1980 年代半ばに FBI（連邦捜査局）が連続殺人犯の幼少期の
動物虐待に着目し、対人暴力と動物虐待の連動性（LINK）が注目される
ようになった。日本でも神戸連続児童殺傷事件（1997）、三郷市連続通り
魔事件（2011）、佐世保女子高生殺害事件（2013）など青少年犯罪と動物
虐待の関連がみられる事例は複数認められる。犯罪ばかりでなく、動物虐
待は児童虐待、高齢者虐待、DV[1] などとも関連があることが LINK の研

---

[1] DV：DV(Domestic Violence) は家庭内暴力と訳されることがあるが、夫（妻）やパートナー
　　から妻（夫）や恋人に対して振るう暴力で、対象者への身体的、心理的被害だけでなく、暴
　　力を日常的に目の当たりにする子どもの心理的発達に悪影響を及ぼす（精神保健福祉用語
　　辞典）。

究によって明らかになってきた。ここではまず、虐待の定義から説明する。

（1）虐待とは

　子どもや高齢者など近年様々な分野で虐待が社会問題となっている。虐待は英語で "abuse" または "maltreatment" というが、意味としては繰り返しあるいは習慣的に暴力をふるったり、冷酷、冷淡な接し方をしたりすることである。虐待の種類としては、 の 5 つがあげられる。

	虐待の種類
身体的虐待	暴力行為、外部との接触防止
心理的虐待	脅しや無視、嫌がらせ等精神的苦痛
性的虐待	（同意なき）性的行為やその強要
経済的虐待	本人の同意なき金銭の使用または本人が希望する金銭使用の制限
ネグレクト	放任、世話の放棄

　暴力は通常強者から弱者に対して行われるが虐待も同様であり、加害者には他者をコントロールする力を持ちそれを発揮するという歪んだ支配欲が存在する。

　虐待には、被虐者毎に以下があげられる。

- 児童虐待：子どもの定義は分野によって異なるが、日本の福祉制度では 18 歳未満を児童としている。昨今大きな社会問題となり、児童虐待防止法が改正され（2019）、暴力的なしつけは虐待とみなされるようになった。

- 高齢者虐待：超高齢社会を迎えた日本では、高齢者に関わる虐待も大きな社会問題であり、家庭だけでなく施設においても発生している。

- DV（Domestic Violence；配偶者等への虐待）：家庭内暴力と日本語では訳されることもあるが、DV は通常配偶者や恋人（ほとんど

が女性）を指す。

- 障害者虐待：施設内での身体的虐待や知的障害を有する女性に対する性的虐待が事件となることもある。

- 動物虐待：日本では動物の愛護及び管理に関する法律によって「みだりに殺し、又は傷つけた者は、五年以下の懲役又は五百万円以下の罰金に処する」という罰則が設けられている（第六章四十四条）。

(2) LINK とは

　人と動物への暴力（虐待）防止のために活動する National Link Coalition（アメリカ）では虐待の関連性を  のように表わしている。この図が示すように、一つの家庭で複数の虐待が同時に存在する可能性があることが分かる。

　アメリカ人道協会（HSUS：Humane Society of the United States）のロックウッド氏の講演（2002年）では、意図的な動物虐待の加害者の94％が男子、3分の1が13〜18歳、4％が12歳以下ということであった。さらに20％はDVや児童虐待が行われていた（HSUSの調査より）。また別の調査では、児童虐待のあった53の家庭で飼われていたペットの

図2 虐待の関連性

Child Maltreatment
児童虐待

Animal Abuse
動物虐待

Elder Abuse
高齢者虐待

Domestic Violence
配偶者等への虐待

参考：National Link Coalition ホームページ

60％で動物虐待が行われ、そのうち37％は子ども自身が加害者となって動物虐待に関わっていた。すなわち、動物虐待を行う加害者としての青少年は、虐待の被害者である可能性があるということである。このように、動物虐待が他の対人暴力や虐待と関連していることを"LINK"と呼ぶ。

(3) LINKへの対処

　LINKについての研究が進んでいるアメリカにおいては、その対策も進んでいる。動物虐待と対人暴力の連動性に注意を払い、起こる可能性のある暴力行為を未然に防ごうという活動が、2001年にHSUSが開始した"First Strike Campaign"である。動物虐待が対人暴力へと発展する可能性があり、暴力的傾向の初期の警告であることが多いことから、「（虐待の）最初の一撃」を"First Strike"として捉え、暴力や虐待行為を抑えようというキャンペーンである。さらに、動物虐待と対人暴力が連動しているというLINKの基本的なメッセージについて社会全体に教育・啓発し、動物虐待と対人暴力双方の予防や早期発見につなげるという目的を持つ。LINKの知識を一般に広めるためにも、日本でも何らかの啓発活動は必要と思われる。

　LINKの対処としてアメリカで実施されているものとして、Cross Reportingもある。これは、動物保護（福祉）団体と対人援助組織（福祉）における情報共有の体制を指す。例えば、動物保護団体に動物虐待の連絡が入りその家庭に子どもがいた場合は児童相談所へ情報を提供したり、多頭飼育崩壊の場合は福祉行政と情報共有したりいうものである。また、高齢者介護の現場で不適切な動物飼育が行われている場合は、介護事務所から動物保護団体や行政へ情報を提供する、ということも考えられる。アメリカではこのクロスレポーティングを義務付けている州もあり、日本においても2020年3月に環境省から「人、動物、地域に向き合う多頭飼育対策ガイドライン〜社会福祉と動物愛護管理の多機関連携にむけて〜」が発行された。これは多頭飼育問題についてのガイドラインであるが、人の福祉と動物愛護関連の行政や団体との協働の必要性を訴えている。

　さらに、DVや家庭内暴力は日本でも社会的な問題となっているが、DV被害者が一緒に暮らすペットを心配して家を出ることができないという場合がある。そのような際に動物と一緒に避難できるシェルターの設置

や、DVシェルターと動物シェルターの連携などが日本でも今後必要になると考えらえる。

　一つの問題に含まれる動物の福祉と人の福祉を別物ととらえず、それぞれの専門職がどのような連携・協力体制を構築していくかが人と動物の両者を助け、支援するために重要である。

🐾 3 Compassion Fatigue and Conflict Management
（共感疲労と葛藤のマネジメント）

　共感疲労とは、クライアントに対する過剰な共感により仕事に対する活力を失うことであり、バーンアウト（燃え尽き症候群）とともに対人援助職の精神保健上の問題となっている。

（1）精神保健について

　日本では、精神保健に関する法律として、「精神保健及び精神障害者福祉に関わる法律（精神保健福祉法）」がある。この法律の目的は下記の通りである。

> この法律は、精神障害者の医療及び保護を行い、一略一　その社会復帰の促進及びその自立と社会経済活動への参加の促進のために必要な援助を行い、並びにその発生の予防その他国民の精神的健康の保持及び増進に努めることによつて、精神障害者の福祉の増進及び国民の精神保健の向上を図ることを目的とする（第一条）

　精神障害者の医療と保護、社会復帰、そしてその発生の予防という3つの目的が謳われており、精神障害者だけでなく一般市民も対象にしているのがこの法律の特色である。また、この法律では精神障害者を「統合失調症、精神作用物質による急性中毒又はその依存症、知的障害、精神病質その他

の精神疾患を有する者」と定めている。さらに、都道府県には「精神保健の向上及び精神障害者の福祉の増進を図るため」に精神保健福祉センターの設置が義務付けられている。厚生労働省では「みんなのメンタルヘルス」というサイトでこころの健康づくりについて下記の4項目を掲げている。

みんなのメンタルヘルス	
こころの病気について理解を深めよう	こころの病気は誰でもかかる可能性があり、その多くは治療で回復する。
セルフケアでこころを元気に	こころの病気の予防には、ストレスと上手につきあうことが大切。
こころの病気と上手に付き合うために	こころの病気の初期サインを知り、サインに気づいたら早めに専門家に相談する。

参考：みんなのメンタルヘルス（厚生労働省）

(2) 対人援助職が抱える精神保健の問題

　対人援助職とは、サービス提供業務のなかで医療、福祉、教育に関わる専門職を指す場合が多い。これらに加え、客室乗務員やコールセンタースタッフなど相手の感情に寄り添う仕事を「感情労働」と呼ぶ。感情労働は肉体労働の対概念であり、以前は頭脳労働の一種とみなされていた。感情労働は職業にふさわしい感情を意識的に操作することが要求される労働を指す。そのため自分の感情を表出することができずストレスをため、バーンアウトしやすい職種とされている。バーンアウトとは、ある時急に燃え尽きるように活力を失い、無気力状態、抑うつ状態になることを指し、「燃え尽き症候群」ともいわれる。共感疲労は、対人援助職が感情労働における心の負担をうまくコントロールできないことが要因とされている。

（3）対人援助職が抱える精神保健の問題への対処

　共感疲労やバーンアウトの原因は、代表的なものとして、オーバーワーク（働きすぎ）、セルフケアの不足、仕事に対する高い理想像、喪失体験などがあげられる。それらの原因に対するそれぞれの対処のほかにも対人援助職のメンタルヘルスを守るには以下のことが提案できる。

対人援助職のメンタルヘルスケア

・クライアントに対する過剰な共感はしない。
・セルフケアの実施：初期サインを逃さずに、無理をしない。
・レジリエンスの獲得：逆境を跳ね返すための回復力や心の弾力性、柔軟性を身に付ける。
・他のスタッフとチームとしての連携：スタッフ間での情報共有や相互理解。

（4）動物医療従事者が抱える精神保健の問題と対処

　獣医師や動物看護師など動物医療従事者は、治療や看護の対象は動物であるが、その飼い主を支える対人援助職とも考えられ、飼い主（人）とペット（動物）の双方のウェルビーイングを目標とする。飼い主への説明、指導、相談等を通しての飼い主支援が重要な業務の一つとなる。飼い主と動物の利益が反することもあり、動物医療従事者はその間で対応を迫られることもある。

　さらに、動物は人より短いスパンで生を終えていく。そのため動物医療従事者は動物の死に直面する場面も多いと考えられる。対人支援の難しさに加え、治療の限界や死の体験は二重の精神的負荷を抱えるといえる。

　動物医療従事者のメンタルヘルスを守るためには、スタッフ自身が自分の限界を知り、セルフケアを実施することが重要となる。また、「レジリエンス」と呼ばれる逆境を跳ね返すための回復力や心の弾力性、柔軟性を身に付けることも有効といわれる。さらに、チーム動物医療のメンバーと

して業務を遂行するため、他のスタッフと情報共有、連携、相互理解も大切である。動物医療従事者が心身ともに健康で職務を全うするには、組織内でのメンタルヘルスケアの体制構築が求められる。

4 その他の VSW

テネシー大学の4領域の他にも、現在発生している VSW 関連の問題は複数ある。ここではその代表的なものとして、多頭飼育崩壊、高齢者の動物飼育困難、補助犬の社会的受け入れの問題を取り上げる。

(1) 多頭飼育問題 / 崩壊（Animal Hoarding）

アパートで猫を100頭以上、二部屋のマンションで犬を150頭以上飼育していたなど不適切な環境での過剰な動物飼育問題が後を絶たない。近年社会問題となっているこの多頭飼育問題について、環境省は「人、動物、

地域に向き合う多頭飼育対策ガイドライン ～社会福祉と動物愛護管理の他機関連携に向けて～」を発表した（2021年3月）。多頭飼育問題を動物愛護関連行政と福祉行政他との共通の課題として取り上げ、動物だけでなく、飼い主や地域を支援することの必要を訴えている。海外では Animal Hoarding（多頭飼育崩壊）といわれるこの問題について、上記ガイドラインを中心に現状と対策を述べる。

1) 多頭飼育問題とは

ガイドラインでは、多頭飼育問題を次のように説明している。

多頭飼育問題とは、多数の動物を飼育しているなかで、適切な飼育管理ができないことにより、下記の3つの影響のいずれか、もしくは複数の問題が生じている状況と定義する。

① 飼い主の生活状況の悪化

　動物の数が飼い主の飼育管理能力を超えることにより、衛生問題等生活環境に大きな影響を及ぼす。その影響が周辺環境に及び、地域住民との軋轢が生じ飼い主が孤立する事態もある。

② 動物の状態の悪化

　飼育動物の増加による飼育環境の悪化はいわゆるネグレクト（飼育放棄）状態となり、動物たちは飢餓、病気、また死に至ることもまれではない。飼い主にその意識がないまま動物虐待の状況となる場合もある。

③ 周辺の生活環境の悪化

　飼い主の住居内に止まらず、周辺環境へも悪臭や騒音、感染症の蔓延等の公衆衛生の問題が発生することもある。また、飼育管理能力の欠如は動物の逸走の可能性もあり、周辺家屋への浸入や咬傷事故へとつながることもある。

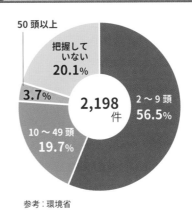

図3 **苦情元（ホーダー）の犬猫飼養頭数（件数）**

50頭以上

把握していない **20.1%**

3.7%

2,198 件

2〜9頭 **56.5%**

10〜49頭 **19.7%**

参考：環境省

2）多頭飼育問題の現状

　環境省が実施した「令和元年度社会福祉施策と連携した多頭飼育対策推進事業アンケート調査結果」では、2頭以上の動物飼育者に対する苦情の件数は全国で2,149件、1自治体あたり平均20.5件であった。また苦情のあった世帯の飼育頭数は、2頭以上10頭未満が一番多く、飼育頭数が10頭未満でも、適切な飼育管理がなされない場合は、環境への悪影響があることが分かる **図3** 。

また、苦情のあった飼い主が飼育している動物の種別は、「猫」が61.6%、「犬」が45.2%で、次いで「うさぎ」1.8%であった。

　多頭飼育問題における動物は適切に飼育されておらず、衛生的に問題がある状況に置かれている場合が多い。

3) 多頭飼育問題の要因

　ガイドラインでは、多頭飼育問題の飼い主が持つ7要素を述べている 。

多頭飼育問題の飼い主が持つ7要素		
不衛生	飼育場所の悪臭、害虫等の不衛生 本人は無自覚	社会福祉的支援
自立困難	老いや病気等による認知能力や身体能力の低下 独居生活に限界	
貧困	経済的困窮	
サービス拒否	医療、保険、福祉サービスを拒否	
暴力	周辺住民や自治体職員への攻撃的な態度等	警察介入
固執	動物の所有権放棄をせず、殺処分や不妊去勢手術に対し抵抗	動物愛護管理医療的支援
依存	アルコールやギャンブル、また動物に対する依存	

　多頭飼育に陥る飼い主は7つのうちひとつまたは複数の要素を有し、問題発生に関しては、これらの要素によるところと、社会的な背景が指摘されている。収入の減収、心身の健康状態の低下、ライフステージの変化などによる深刻な生活困窮が生じ、個人の自助努力では生活の諸問題の解決が困難となる。生活の困窮は地域社会からの孤立、虐待、ホームレス、ゴミ屋敷などの社会問題へとつながっていく。多頭飼育問題が当事者の生活問題と密接につながっていることが分かる。

　海外のアニマルホーダーのケースでは、"hoarding disorder（ため込み

症）" など精神的な問題との関連を指摘している。また、多頭飼育の飼い主は、不妊去勢手術の未実施や放し飼いなど動物の個体数が増える恐れのある飼い方をしている人が多く、早期発見・早期対処が重要である。

4）多頭飼育問題の対応

　多頭飼育問題の対応、解決については、「飼い主の生活状況の悪化」、「動物の状態の悪化」、「周辺の生活環境の悪化」の３つの影響を考え、それぞれ「飼い主の生活支援」、「動物の飼育状況の改善」、「周辺の生活環境の改善」についての対策を講じることが大切である。「飼い主の生活状況の改善」については、社会福祉、「動物の状態の改善」については動物愛護管理、「周辺の生活環境の改善」についてはその他公衆衛生など様々な関係者の連携が必要となる。

　また、多頭飼育問題は上記３つの影響が深刻化する前の早期発見、早期対応が求められるとともに、再発防止のための見守りが新たな多頭飼育問題の発生を防ぐことになる。時系列的には、予防、発見、発見後対応、再発防止という流れとなる 図4 。

図4 **多頭飼育問題への対応フロー（概要）**

1. 予防

地方自治体等は、飼い主やそれ以外の住民も広く対象として、不適正な多頭飼育に係るリスク及び防止策、気づいた場合の連絡先等を効果的に普及啓発する

2. 発見

① 多頭飼育問題に陥るリスクが高い段階での探知
② 多頭飼育問題の初期段階での探知・発見
③ 多頭飼育問題の発見
①〜③を探知・発見し、動物愛護管理部局及び社会福祉部局で情報共有を行う

3. 発見後対応

飼い主の努力・取組だけでは問題解決が困難で、地方自治体・関係機関等が解決に乗り出さなくてはならない段階であり、事例に則して動物愛護管理、社会福祉、その他の支援策等を用いて、地方自治体・関係機関・団体などが連携して対応する

4. 再発防止

多頭飼育問題を解消した後、再び多頭飼育問題を引き起こさないように、地域住民・地方自治体・関係機関等による飼い主の見守りを行う

人、動物、地域に向き合う多頭飼育対策ガイドライン〜社会福祉と動物愛護管理の多機関連携に向けて〜（環境省）より

表5 多頭飼育問題の発見段階

① 多頭飼育問題に陥るリスクが高い
② 多頭飼育問題の初期
③ 問題が深刻化し、周囲に露呈（多頭飼育崩壊）

表6 1頭飼育と多頭飼育の違い

① 不妊去勢手術が必要になる
② 災害時の避難方法を考えなくてはならない
③ 動物同士の関係に気を配らなくてはならない
④ 健康管理と食事の管理が複雑になる
⑤ 近隣住民にさらに配慮しなくてはならない
⑥ 多頭飼育を法令で規制している地域もある
　（山梨、滋賀、佐賀）

参考：「もっと飼いたい？ 犬や猫の複数頭・多頭飼育を始める前に」
（環境省）

5）多頭飼育問題の多面的支援

　多頭飼育問題の発見はその時期によって 表5 のように3分類できる。どの段階においても「飼い主の生活状況」、「動物の状態」、「周囲の環境」を把握し、対策を講じることが必要となる。そのためには官民を越えた多様な主体・関係者の連携が重要で、連携なくして解決はないと言われる。連携にあたっては、主体となる行政機関（社会福祉、動物愛護管理、その他）の役割を理解し、他機関や個人などへの協力が必要となる。特に、地域住民、専門家、動物愛護ボランティアなどの協力は欠かすことができない。多頭飼育問題は動物だけの問題ではなく、その飼い主、周辺地域の問題であり、多面的な取り組みを他・多職種関係者で実施することにより、解決へとつなげることが可能となっていく。

6）多頭飼育問題を防ぐには：環境省のパンフレットより

　多頭飼育問題は問題の早期発見とそれ以前の予防が重要と言われている。環境省は複数（多頭）飼育への注意喚起（予防）として「もっと飼いたい？犬や猫の複数頭・多頭飼育を始める前に」というパンフレットを作成して

保護猫シェルター　たんぽぽの里

　「たんぽぽの里」は、相模原市内に2つのシェルターを持つ主に猫の保護施設です。市内田名にある「たんぽぽ あだぷしょんぱあく」では病院機能と譲渡機能を兼ね備え、小さな命のバトンをつなぐ活動をしています。行政の依頼で多頭飼育崩壊の現場に駆け付け、多くの猫たちを救い出し、保護し、手術をして新たな飼い主につなぐのです。

　2年程前に私が訪問した時には、近隣で発生した多頭飼育崩壊で保護した猫たちがやってきて間もなくでした。子猫たちは近くにある石丸代表の自宅で保護されているのですが、その数50匹以上。リビングも隣の部屋も子猫、子猫、子猫・・・。3人のボランティアさんたちがミルクをあげていますが、とても手が足りず、訪問した私と同僚もすぐにミルクボランティアに早変わり。シリンジに入ったミルクを目が開いて間もないような小さな猫にあげていきました。元気に大きくなって幸せになりますように、と祈るような気持ちで次々とミルクをあげていったことを覚えています。

　2020年秋には海老名市で135匹の猫、2021年5月下旬には厚木市で140匹の猫とそのほかにも多頭飼育崩壊は後を絶たない状況です。猫の問題だけでなく飼い主の問題も含むことが多いアニマルホーディング。多くの人に関心を持ってもらいたいと思っています。

たんぽぽの里での子猫たちのごはん風景

写真提供：たんぽぽの里（右上）、ヤマザキ動物看護大学 荒川真希さん（右下）

いる。これには、1頭飼育と複数飼育の違いとして 表6 をあげている。

　安易な気持ちから複数飼育を始めると、後に問題が発生する可能性があることを説明し、多頭飼育崩壊についての記述もある。さらに、多頭飼育崩壊の危険信号（犬や猫が清潔でない、手入れが十分でない、家の中や外が散らかっているなど）に気付いたら、早めに保健所・動物愛護センターに相談するように、早期発見・早期対応の大切さを呼びかけている。

　多頭飼育問題は動物虐待であり動物を救うことに加え、要支援者として

の飼い主への支援が必要なことも多く、地域環境へ影響を与えることもある。「飼い主の生活状況の悪化」、「動物の状態の悪化」、「周辺の生活環境の悪化」という３つの観点から状況を把握し、それぞれへの対策を立てるために、多様な関係者の連携と協力、横断的かつ柔軟な対応が必要である。

(2) 高齢者の動物飼育困難

表7 あったらいいと思うサービス（70代）

① 「高齢で飼育不可能な場合の受入施設提供サービス」: **45.5%**
② 「旅行中や外出中の世話代行サービス」: **42.8%**
③ 「飼育が継続不可能な場合の引き取り手斡旋サービス」: **40.9%**

ペットフード協会　平成29年度犬猫飼育実態調査より抜粋

超高齢社会を迎えた日本では、高齢者の動物飼育は複数のメリットが期待できる。社会的なつながりが減少する高齢者にとって、身近な動物は大きな心のよりどころとなり（心理的効果）、動物を通して他者とつながることもできる（社会的効果）。また、散歩や世話をすることで体を動かし、生理的・身体的な効果も期待できる。様々な喪失を体験する高齢期おいて、動物と暮らすことによる高齢者のメリットは大きい。

　その一方で加齢に伴う心身の衰えにより、飼育が困難になることも懸念される。ADL（Activities of Daily Living：日常生活動作）の低下は飼育困難につながり、結果として十分な世話ができずに動物虐待（ネグレクト、飼育放棄）の状態におちいることもある。介護保険制度のホームヘルプ（訪問介護）では動物を扱うことはできず、有償のサービスを使わざるを得ない。さらに病気やケガによる入院や施設入所の際など動物が心配で、入院・入所に踏み切れないというケースも出てくる。ペットと一緒に入所できる施設も少数存在はするが 写真1 、ほとんどの施設では動物を連れての訪問すら難しいのが現状である。超高齢社会の我が国において高齢者が動物

写真1 ペットと暮らせる高齢者施設 ▶
介護付有料老人ホーム　ウェルハイム・八王子

と暮らすことによる利益を享受す
るためには、ともに最後まで安心し
て暮らせる環境を作り、そのための
制度を構築していくことが今後の課
題である。

新しいおうちをみつけた"フリくん"

　大学の社会福祉関連の授業のなかで、南大沢の地域包括センターに来ていただ
き「認知症サポーター」の講座を毎年開催しています。2年程前にそのセンター
から連絡が入り、団地で猫を飼っている高齢者が病気で飼育困難となり譲渡を考
えているが手伝ってもらえないかと依頼を受けました。早速見に行くと、体を動
かすことが不自由な飼い主さんの下で、ほとんど狭いケージに入れられている状
態にも関わらずとても人懐こい猫でした。まずポスターを作成し、知人に拡散、
学内に掲示、そしてお祭りの手伝いに行った高齢者施設にも貼ってもらいました。

　その後高齢者施設で働く方から連絡が入り、まず1週間のトライアルから始め
ることになりました。ただ、そのお宅には先住猫が
いたので、病気がないことを確認したいということ
でした。長らく動物病院にも行っていない状態だっ
たため、猫に詳しい同僚と一緒に地域の病院に健康
診断に連れていくことにしました。幸い何の病気も
なく、トライアルとなり、その後正式に譲渡される
ことになりました。昔飼っていた猫にそっくり、と
新しい飼い主さんは大変かわいがってくださってい
て猫もとても幸せそうな様子です。今後このような
ケースは増えると思われますが、高齢者の動物飼育
をどのようにサポートすればいいかは、社会全体で
考えなければならない課題だと思います。

ネコの譲渡希望

7歳前後のオス（去勢済）ネコです。完全室内飼い、
高齢の独居男性（南大沢）が身体が不自由になり、お世話
ができなくなりました。
人が大好きな甘えん坊さんです。
一緒に暮らしてくださる方がいましたら、下記まで
ご連絡ください。

ヤマザキ動物看護大学
山川伊津子
yamaKawa@
042-

待ってる
ニャア！

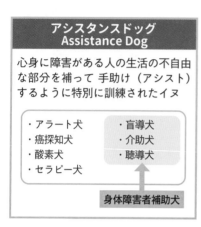

図5

アシスタンスドッグと補助犬

アシスタンスドッグ
Assistance Dog

心身に障害がある人の生活の不自由な部分を補って 手助け（アシスト）するように特別に訓練されたイヌ

・アラート犬	・盲導犬
・癌探知犬	・介助犬
・酸素犬	・聴導犬
・セラピー犬	

↑

身体障害者補助犬

（3）補助犬の社会的受け入れ

　人のために仕事をする犬を使役犬（Working Dog）と呼ぶが、その中で特に心身に不自由を抱える人を支える犬をアシスタンスドッグ（サービスドッグ）という。アシスタンスドッグの中には、アラート犬（発作予知犬）や癌探知犬など日本ではまだあまり存在しない犬たちが欧米を中心として活躍している **図5** 。アシスタンスドッグの中で特に盲導犬、介助犬、聴導犬を、日本では身体障害者補助犬（以下、補助犬）という。

1）身体障害者補助犬とは

● 盲導犬（Guide Dog）

　盲導犬とは、視覚障害者を安全に誘導する犬を指す。犬は使用者の指示により動き、障害物を避け、段差や曲がり角を教える。犬が仕事中に着用するハーネスという胴輪を通じて使用者は犬の動きを確認し、情報を得てさらに指示を出していく。歩行は使用者と盲導犬の協働作業といえる。

　多くの情報を視覚に頼る現代社会では視覚障害者は日常生活の中で様々な問題を抱えるが、その一つに屋外での移動の問題がある。他者と一緒に歩く方法（同

▲ **写真2** 笑顔があふれる盲導犬との歩行
写真提供（公社）日本盲導犬協会

小学校での補助犬授業

　毎年八王子市内の小学校で補助犬の授業を実施しています。4年生の総合の時間の福祉の回で、1回目が「盲導犬と介助犬」、2回目が「聴導犬」の話をします。1回目は八王子市内の盲導犬使用者さんと元介助犬協会のPR犬と飼い主さん、2回目は聴導犬育成の会（鎌倉）に来てもらいます。補助犬は身体が不自由な人の生活を手助けする犬だということをまず伝え、補助犬の話の前に、それぞれの障害について説明をしていきます。それから各補助犬の話をして、実際にデモをしてもらうのですが、子どもたちの目は犬の動きにくぎ付けです。締めくくりとして、補助犬法という法律があり、補助犬はなんにでも乗れて、どこにでも入れることを伝えます。そして仕事中の犬の邪魔はせず、補助犬は暖かく見守り、使用者さんには暖かい声掛けをしてくださいと伝えます。各回とも、最後に犬とのふれ合いタイムとなります。犬が好きな子も苦手な子も大きな犬に触って大満足。この子達が授業で学んだことを周りの人に伝え、補助犬についての理解が広がってくれることを願って授業をしています。すごく楽しい時間ですが、小学生のパワーには毎回圧倒されています。

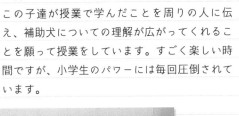

行援護）が最も安全であるが、援護者の都合もあり、好きな時に自由に出かけることは難しい。視覚障害者の単独歩行としては、白杖（はくじょう）または盲導犬を用いることが道路交通法に定められている（第14条第1項）。

　日本には32万人の視覚障害者がいるとされるが、盲導犬の数は861頭（2021年3月）であり、ここ10年は穏やかな減少傾向にある。

● 介助犬（Mobility Service Dog）

　肢体不自由者と呼ばれる四肢と体幹に不自由がある人達の日常生活の介助動作をする犬を介助犬と呼ぶ。肢体不自由者は身体のどの部位にどの程度の不自由があるか個別に異なるため、その当事者が最も必要とする働きができるようにオーダーメイドの側面を持つのが介助犬の特徴である。そのために、当事者の身体能力の評価が必須であり、介助犬の育成には医療関係者が関与する。

　車イス使用が多い介助犬の使用者であるが、介助犬は屋内でも屋外でも常に使用者のそばに寄り添い、落としたものを拾ったり、指示されたものを持ってきたり、ドアの開け閉めをしたりなど使用者が指示した働きをする。

　現在、肢体不自由者は 193 万人と言われる中、実働する介助犬の数は 60 頭である（2021 年 4 月）。

● 聴導犬（Hearing Dog）

　聴覚障害者に決められた音を報せ、音源まで誘導する犬を聴導犬という。生活の中には多くの音が同時に混在するが、聴導犬は使用者が最も必要とする屋内での音を 10 程度教える。ドアベル、タイマー音、目覚まし時計の音など報せるように訓練された音が発生するとまず音源へ行って確認し、それから使用者のところへ行きタッチやお座りなど決められた動作により使用者に音の発生を報らせる。犬が音を教えようとしていることに気づくと、使用者は「何」という動作（手話）をして犬の誘導について行き、音源を確認する。

　聴導犬の働きが盲導犬や介助犬と異なるのは、指示を与えられて動くのではなく、自発的な働きということである。そのため、音源まで連れて行っ

た聴導犬を使用者は毎回十分にほめる。指示がない働きをする聴導犬のモチベーションの維持は重要であり、犬にとって仕事は楽しいゲームのようなものと考えられる。

聴覚障害者34万人に対して、実働する聴導犬は63頭である（2021年4月）。

どの補助犬にとっても仕事は強制的なものではなく、使用者との信頼関係のもとに行われている。仕事中の補助犬の尻尾はゆらゆらと楽し気に揺れていることが多く、使用者から褒められることは犬にとって何よりの報酬となる。

2）身体障害者補助犬法

2002年に施行されたこの法律の目的は「身体障害者の自立と社会参加」である。使用者は、体の不自由さを補う犬とともに社会参加を果たし自立することを目指す。補助犬事業は第二種社会福祉事業であり、人の福祉として位置づけられる。育成事業者には「良質な犬の育成」、使用者には「表示義務、行動管理、衛生の確保」、そして社会（施設事業者・国民）には「受け入れ」を課している。この法律の大きな特徴として、使用者のアクセス権の確保がある。公共の交通機関と施設（公共、民間）には補助犬同伴の受け入れが義務付けられているが、補助犬法の認知度は低く現在でもタクシーの同乗や飲食店での同伴拒否は日常的に発生している。

補助犬（アシスタンスドッグ）に特化した法律は世界的に見ても珍しく、障害者差別禁止法のなかで同伴を義務化している国が多い。日本の補助犬は補助犬法のもと指定された団体で育成され、使用者とともにペアで認定

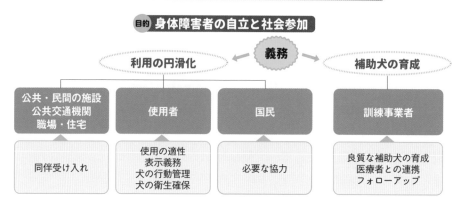

図6　補助犬法の構成

目的　身体障害者の自立と社会参加

義務

利用の円滑化　⟵　　　⟶　補助犬の育成

公共・民間の施設
公共交通機関
職場・住宅

使用者

国民

訓練事業者

同伴受け入れ

使用の適性
表示義務
犬の行動管理
犬の衛生確保

必要な協力

良質な補助犬の育成
医療者との連携
フォローアップ

を受けて初めて補助犬として実働可能となる。

3）使用者が抱える問題

　補助犬は使用者の機能的支援のみでなく、心理的支援、社会的支援も行うとされる。使用者の QOL の向上に貢献する補助犬だが、様々な問題も抱える。「生きた自助具」と言われる補助犬は生体であるための限界がある。病気やケガをすることもあれば必ず一定年齢（通常 10 歳前後）で引退を余儀なくされる。引退に伴う別れは使用者の心に大きな喪失感をもたらす。また、使用者には「飼養者」として動物福祉の視点からの責任も伴う。

　さらに、大きな問題が社会的な受け入れである。先に記した様に、飲食店やタクシーでの同伴拒否が常に発生するが、補助犬を断ることが使用者を断ることと同義であり人権問題であることを事業者に理解してもらう必要がある。また、盲導犬の同伴拒否が起こると、白杖使用者から行動を同じくすることを拒否されるという事例も起きている。行動の自由を確保するための盲導犬歩行が、逆に行動を狭められているという現実があることを知ってほしい。

　社会的受け入れとして、もう一つの大きな問題は、補助犬に対する一般市民の「かわいそう」という意識である。街中ですれ違い様に「かわいそ

う」と言われた使用者が、出歩くのが嫌になったという事例もある。通常補助犬を目にするのは屋外での仕事中の姿であるが、家にいるときは普通のペットとさほど変わらない生活を送っている。24時間飼い主である使用者とともにいられることは、犬にとって大きな喜びである。また、補助犬は仕事を強制的に行っているわけではないことは前にも述べたが、ゲーム感覚で仕事をして使用者に褒めてもらうことは、犬にとってのうれしい報酬となる。使用者と補助犬のありのままの姿が社会の中で広がることを期待したい。

5 VSW と動物看護師

　動物看護師、特に家庭動物（Companion Animal）を対象とする現場で仕事をする愛玩動物看護師は、飼い主と動物の双方を業務の対象とする。愛玩動物看護者の倫理綱領（日本動物看護職協会）には、「動物に対する倫理と責任」と「飼い主に対する倫理と責任」が謳われている。動物看護という実践を通して動物と人のウェルビーイングを目標に、双方にとってのベスト、あるいは両者の折り合いがつくセカンドベストを求めていくのが動物看護の目標と言える。そのために、動物の全責任を担う飼い主への相談・説明・指導を提供し、チーム獣医療を実施するメンバーのメンタルヘルスにも配慮していく。このような状況から、動物看護師はベテリナリーソーシャルワーカーとしての役割を担うことが可能だと考えられる。もちろん動物看護師は福祉や心理の専門職ではなくカウンセリングや生活援助のノウハウを持っているわけではないが、動物医療ソーシャルワークの知識を持つことでその一端を担い、福祉や心理の専門職と情報共有・連携し、必要であればつなぐこともできる。動物看護師の立ち位置からしか見えないことがあり、動物を支援することが飼い主を支援することにもつながる場合もある。

ベテリナリーソーシャルワークの4領域に動物看護師の働きを重ねてみると以下のようになる。

① Animal Assisted Interventions/ 動物介在介入（アニマルセラピー）の活動におけるコーディネーターまたは実施者としての動物看護師

　　人（ボランティア・ハンドラー）と動物の適性評価と実施場所のサイトアセスメント（施設評価）、活動の計画と実施、評価を行うのは、動物の専門職である動物看護師だからこそできる分野である。

② Animal Related Grief and Bereavement/ ペットロス支援におけるグリーフケアラーとしての動物看護師

　　動物看護師はカウンセリングの専門職ではないが、悲嘆を抱える飼い主に対して傾聴と共感を示すことができる。持って行き場のない悲しみと向き合うペットロスの当事者にとって、自分の愛する動物の最期を知る動物看護師の共感の姿勢は大切であり、ベテリナリーソーシャルワーカーとしての役割が求められていると言える。

③ The Link between Human & Animal Violence/ 人と動物の福祉の向上を目指し動物愛護・動物保護管理の実践者としての動物看護師

　　動物医療の現場で動物虐待が疑われたとき、その飼い主に家族がいる場合は、家族が虐待の被害者となっていないか、多職種との情報共有、連携が重要である。また、DV被害者などのペット保護も動物看護師の役割として考えられる。

④ Compassion Fatigue and Conflict Management/ 対人援助職の精神保健（メンタルヘルス）を守るマネージャーとしての動物看護師

　　対人援助職としての動物看護師のメンタルヘルスは、個人の努力であると同時に、看護師長等管理職の責任にも関連する。管理職あるいはチームのリーダーとしての動物看護師が、スタッフのストレス初期サインに気づき、相談・支援するなどベテリナリーソーシャルワーカーとしての役割を担うことがチーム獣医療の向上につながる。このほか

多頭飼育問題、高齢者の動物飼育、補助犬の受け入れ問題についても、動物看護師として VSW の視点からの役割を担うことは可能である。

参考文献

1) エリザベス・キューブラー・ロス（著）、鈴木 晶（訳）（2020）死ぬ瞬間 - 死とその過程について 中公文庫

2) Elizabeth Strand, Bethanie A. Poe, Sarina Lyall, Jan Yorke, Janelle Nimer, Erin Allen, Geneva Brown, and Teresa Nolen-Pratt（2012）Veterinary Social Work Practice. Social Work Fields of Practice: Historical Trends, Professional Issues, and Future Opportunities John Wiley & Sons

3) 土井裕貴（2014）対人援助職におけるバーンアウト・感情労働の関係性—精神的な疲労に着目する意味について—、大阪大学教育年報、第 19 号

4) 小堀彩子（2005）対人援助職のバーンアウトと情緒的負担感、東京大学大学院教育学研究科紀要 第 45 巻

5) 南彩子（2015）ソーシャルワークにおける共感疲労とレジリエンス 田南里大学社会福祉学研究室紀要 第 17 号

6) 箕輪さくら（2019）多頭飼育崩壊の自治体の法的アプローチ 都市とガバナンス vol.31

7) 社団法人日本精神保健福祉士協会・日本精神保健福祉学会（監）（2006）精神保健福祉用語辞典 初版 中央法規

8) 高路 奈保，中野友佳理，満居 愛実，上利 尚子，有安絵理名，吉村 耕一（2015）情動性の涙のストレス緩和作用に関する研究 ストレス科学研究 第 30 巻

9) 田中亜紀（2019）多頭飼育崩壊と獣医師の役割、info vets 198 号 Vol.22 No.2 アニマル・メディア社

10) 山川伊津子（2020）視覚障害者が盲導犬と生きることによる生活と意識の変容—機能的・心理的・社会的支援の視点から— 横浜国立大学大学院博士課程後期学位論文

11) 山川伊津子（2021）動物医療ソーシャルワークと動物看護師 日本動物看護学会 Veterinary Nursing 25 巻 2 号

12) 山﨑早季子（2019） 実践で LINK を活用する 動物虐待と対人暴力の連動性 一般社団法人アニマルリテラシ・リテラシー総研、東京

13) 動物との共生を考える連絡会 ランダル・ロックウッド講演会（2002 年 6 月 23 日実施）講義抄録、https://www.dokyoren.com/

14) Hoarding of Animals Research Consortium How is animal hoarding defined? https://vet.tufts.edu/hoarding/faqs-hoarding/

15) 環境省　動物愛護管理をめぐる主な課題
https://www.env.go.jp/council/14animal/y140-47/mat03-2.pdf

16) 環境省　人、動物、地域に向き合う多頭飼育対策ガイドライン〜社会福祉と動物愛護管理の多機関連携に向けて〜
https://www.env.go.jp/nature/dobutsu/aigo/2_data/pamph/r0303a.html

17) 環境省（2020）社会福祉施策と連携した多頭飼育対策推進事業　アンケート調査報告書　https://www.env.go.jp/nature/dobutsu/aigo/2_data/renkei/r01_04/mat02_2.pdf

18) 環境省　もっと飼いたい？犬や猫を多頭飼育 - 複数飼育始める前に
https://www.env.go.jp/nature/dobutsu/aigo/2_data/pamph/h2305a.html

19) 厚生労働省　視覚障害者数　平成 28 年生活のしづらさなどに関する調査（全国在宅障害児・者等実態調査）結果の概要
https://www.mhlw.go.jp/toukei/list/dl/seikatsu_chousa_b_h28.pdf

20) 厚生労働省（2021）みんなのメンタルヘルス
https://www.mhlw.go.jp/kokoro/first/index.html

21) National Link Coalition What is the Link、
https://nationallinkcoalition.org/what-is-the-link/veterinary-medicine-and-the-link

22) 日本動物看護職協会　愛玩動物看護者の倫理綱領
http://www.jvna.or.jp/code_of_ethics/

23) The American Society for the Prevention of Cruelty to Animals Animal Hording
https://www.aspca.org/animal-cruelty/animal-hoarding

24) 特定非営利活動法人 日本補助犬情報センター　就労している成人への身体障害者補助犬法周知と身体障害者補助犬の受け入れに関する調査—業種、職業、就労形態と補助犬関連知識及び受入への効果—
https://www.jsdrc.jp/jsdrc_doc_reports/2018-shurousha-hojoken-chosa/

25) University of Tennessee Knoxville Veterinary Social Work
https://vetsocialwork.utk.edu/

愛する動物との別れ

chirp
chirp

ペットとの暮らしは多くの楽しみや喜びを与え
てくれるが、必ず別れは訪れ、ほとんどの場合飼
い主が動物を見送ることとなる。「ペットロス」
という言葉が社会の中で定着して久しいが、その
正しい理解は十分とはいえない。ここではペット
ロスの意味と当事者の心と身体の変化、背景要因、
準備と対処、そして最後に動物看護師が飼い主に対し
て動物医療の現場でどのような支援ができるかについて
考えていく。

第 4 章

1 ペットロスの定義

現代社会において、人は物理的・心理的に距離が近くなった動物たちと
情緒的な関係を結び、さまざまな影響を受けて生活をともにするように
なった。しかし、どんなに可愛がり愛情深く世話をしても、ペットとの別
れは必ず訪れる。人よりも大幅に寿命が短い動物たちとの別れは、通常飼
い主がペットを見送る立場となる。愛着を形成した動物との別れは、飼い
主の心に悲しみをもたらす。この「愛する動物を失い悲しむこと」を「ペッ
トロス」とよぶ。

1970 年代に欧米では人と動物の関係性が強くなり、ペットを失って深

く悲しむ飼い主が多く現れるようになった。1979年に「ヒトと動物の関わり」に関する初めての会議がスコットランドのダンディーで開催された。後のIAHAIO（ヒトと動物の関わりに関する国際組織）へと発展するこの「ダンディー ミーティング」において、ペットを失った飼い主についての話題が取り上げられた。その際に"Loss of Pet"（ペットを失うこと）から"Pet Loss"という言葉が生まれたとされている。日本においても1990年代半ばには「ペットロス」という言葉が紹介され、ペットの増加とともに徐々に広がりを見せた。

　愛する動物を失うと、まず悲しい、寂しいという心理的な影響が現れる。心理的に大きなストレスを受けると（喪失もストレスの一種である）、それに伴って眠れない、食べられないなどの身体的影響がでることがある。また、心理的影響や身体的影響が強く現れると、外に出て人と会うのが億劫になったり、仕事や学校に行きたくなくなったり、あるいは行けないなどの社会的影響がでることもある。ペットロスはいわばこれらの総体的体験過程ということができる。

2 ペットロスに伴う心と身体の変化（悲嘆反応）
対象喪失と悲嘆

　自分にとってかけがえのないものを失うことを対象喪失といい、ペットという大切な存在を失うこともその一種である。対象喪失は 表1 のように分類できるが、ペットがどこに入るかは飼い主が自分のペットに持つ愛着の深さによる。法的にはペットは「所有物」とみなされるが、飼い主にとって家族のような存在である場合は、「人物の喪失」に近い対象喪失となる。飼い主は亡くなったペットを「人物の喪失」と考えるのに対して、社会では一般的に「所有物の喪失」とみなされることが多く、この差異がペットロスからの立ち直りを遅らせる要因ともなっている。

対象喪失の体験において、人は深く悲しみ、それを「悲嘆：grief」という。大切なものを失うことは、悲しみの他にも心と身体に様々な変化をもたらし、

表①	対象喪失の種類	
人物	愛情や依存の対象である人	
所有物	財産や大切な持ち物	
環境	慣れ親しんだ環境や社会的役割	
身体器官と機能	身体の一部や機能	
目標や自己イメージ	夢ややりがい	

それらを「悲嘆反応」と呼ぶ。悲嘆反応は通常４つに分類され、次にそれらについて述べていく。

（1）感情的反応

悲しみは、大切なものを失ったときに通常もっとも顕著に表れる変化である。ペットロスの場合、この悲しみは愛する動物がいなくなったという寂しさに由来するものであり、これは自分だけ置いて行かれてしまったという孤独感につながる。さらに、悲しみ・寂しさ・孤独感などが強くなると「怒り」という少し性質の異なる感情が現れることがある。

大切なペットを失った悲しみが「怒り」という形で表現される際、その対象が家族や動物医療関係者となる可能性がある。当事者にとっては怒るという形でネガティブな感情を放出することはプラスであるが、周りはその理不尽ともいえる「怒り」を上手に受け止め、手放していかなくてはならない。悲しみが原因であることが周りの人に理解されず、トラブルとなるケースもある。

外に向かって現れる「怒り」とは正反対に、自分の内へ入っていく感情としては、自責の念や罪悪感がある。自分の責任で愛するペットが死んでしまったと深い後悔におちいる場合である。この思いが強まると自傷行為におよぶことがあり、このようなケースでは心の問題を専門とする医療機関へつなげる必要がある。その他の感情的反応としては、感情鈍麻、不安、抑うつなどがあげられる。

（2）認知的反応

　顕著なものとしては、否認と否定があげられる。亡くなったという事実は分かっているはずであるが、本気でその死を否定したり認めなかったりという場合がある。これは事故や行方不明[*1]など別れが突然訪れた際に多くみられる反応である。本人に虚偽の自覚はなく、大切な存在を失うという多大なストレスから自身を守る一種の自己防衛と考えることができる。また亡くなったペットの鳴き声が聞こえたり、姿が見えたりという幻視・幻聴の幻覚症状が一時的に現れることもある。周りの人にとっては信じがたいことでも、本人にとっては真実であり、あえて否定すると本人が混乱することもある。深く追及することなく受け止めてほしい。

　その他には無力感や非現実感などの反応があげられる。

（3）行動的反応

　悲しみという感情とともに表れる「泣く」という行動には、「涙」という目に見えるものが流れ出ると同時に、目に見えない心にたまったネガティブな感情を身体の外に出すという働きがある。泣くことは、ストレス解消の大きな助けとなることを覚えておきたい。また、亡くなったペットを無意識のうちに探す探索行動や、じっとしていられず絶えず動かずにはいられない過活動の状態、それとは正反対に全く外に出る気持ちになれず社会的引きこもりの状態になることもある。

（4）生理的・身体的反応

　胃の痛みはストレスにより多くの人が経験する反応であり、胃潰瘍など消化器系疾患へと発展する可能性もある。食欲が失われたり、逆に食欲が

---

*1　行方不明：死別だけでなく生別の場合も悲嘆反応は現れる。ペットとの生別では海外転勤、高齢者施設への入所等何らかの理由により手放さざるを得なくなった場合や行方不明が考えられる。行方不明の場合は生死の確認ができず、当事者の心の状態は希望をもったり諦めたりと不安定なものとなる。

表2	悲嘆反応	
感情的反応	悲しみ、孤独感、怒り、自責の念、罪悪感、感情鈍麻、不安、抑うつ など	
認知的反応	否認・否定、幻覚（幻視・幻聴）、無力感、非現実感 など	
行動的反応	泣く、探索行動、過活動、引きこもり など	
生理的・身体的反応	胃の痛み、食欲障害、睡眠障害、息切れ、音への過敏 など	

止まらなかったりという食欲障害が現れることもあり、これが過剰に進むと過食症・拒食症という形で摂食障害へとつながる可能性もある。圧倒的に若い女性に多いこの疾患は栄養失調など命に関わる場合もあり、精神科領域の専門職の介入を必要とする。他には夜眠れなくなる睡眠障害や、普段なら聞き流すことができる音に過剰に反応する音への過敏、また呼吸が浅くなる息切れなどの反応もあげられる。

　ペットロスは「愛する動物を失い悲しむ」状態であり、何か特別な病気ではない。程度の差はあれ、悲嘆反応はだれにでも現れるものであるが、その内容は個人差が大きい。ペットロスによっても悲嘆反応が現れることをきちんと理解できていれば、当事者となった時にその状態に戸惑うことは少なく、表出した反応を止めることなく受け止めることができる。また周囲の人にとってもペットを失って悲しむ飼い主への理解や支援につながる。

　だが、対象喪失の箇所で述べたように、人によって「ペット／動物」に対する価値観が異なり、ペットロス当事者が他者の反応を気にしてその悲しみを現すことに対し躊躇することもある。ペットロスが「公認されない悲嘆*2」と言われ、社会的に受け入れられてない側面があるためである。「ペット」の存在意義については社会的にも広がりを見せ、医療や心理の専門職の間でも「ペットロス」に対する理解は少しずつ進んでいる。

---

*2 悲嘆を実際経験しているにもかかわらず、表立って悲嘆をあらわすことや、支援を求めることが社会的に容認されていない人々をさす。例えばいわゆる遺族ではない恋人や友人、同性愛のパートナーなどが考えられる（坂口・2012）。

表3	複雑性悲嘆の危険要因	
死の状況	突然の予期しない死別、同時又は連続した喪失など
亡くなった対象との関係性	深い愛着関係、過度な依存的関係など
死別を体験した当事者本人の特性	過去の未解決の喪失体験、精神疾患の既往
社会的要因	経済的な困窮、サポートやネットワークの不足

参考：「喪失学」坂口幸弘著

　悲嘆反応は、個人差が大きく誰にでも現れる可能性があるが、通常は時間の経過とともに、徐々に減少あるいは消失していく。しかし、様々な要因が重なり悲嘆反応が強くなったり、長期化したりすることもあり、複雑性悲嘆とよばれることもある。この複雑性悲嘆の危険要因としては 表3 の4つがあげられる。ストレスフルな現代社会において、ペットロスが直接または間接的要因で複雑性悲嘆を体験することもあり、そのような場合は心の問題の専門職の支援を得ることが望ましい。

3　ペットロスの背景要因

　コンパニオンアニマル（伴侶動物）として人社会の中で生きる動物と飼い主との健全な関係とはどのようなものだろうか。

　通常、両者の間には情緒的関係として愛着が形成され、癒し、慰め、安らぎなどの感情が発生する。お互いを必要として支え合いながら良好な関係を保っている状態で、「人と動物の共生・共存」ということができる。通常このような健康的な関係性のなかで、人は動物から「心理的効果」、「生理的・身体的効果」、「社会的効果」を享受することが可能となる（1章参照）。

　一方この関係が複雑化すると、人と動物の心理的関係は過剰に太く、あるいはよじれたものとなり、両者は「支え合う状態」を超えて「依存*3

---

*3 依存：ある存在やものに頼ろうとする人間の状態。狭義にはあるアルコールや薬物を求める欲求が脅迫的で自らを抑制することが不可能な状態を指す。

図1

飼い主とペットの心理的関係性

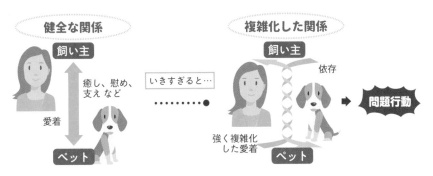

健全な関係　　　　　　　複雑化した関係

飼い主　　　　　　　　　飼い主

依存

癒し、慰め、支え など　　　いきすぎると…

愛着　　　　　　　　　　　強く複雑化した愛着

ペット　　　　　　　　　　ペット　　→　問題行動

原発事故と動物たち

　2011年3月11日に発生した東日本大震災により福島で原発事故が起こり、翌12日より近隣住民の避難が始まりました。自家用車で同行避難したペットたちは別として、ほとんどの動物たちを置いて行かざるをえませんでした。県が用意したバスは動物禁止で、住民はみな数日で帰宅できると思っていたからです。

　原発近くの村に息子一家と住んでいた山本さん夫婦（仮名）も、指示を受けて避難の準備を始めました。夫婦は大の犬好きで、当時飼っていたのは秋田犬のマリとその息子のハチでした。夫婦は何とか2頭も連れて避難したいと考えましたが、避難所に犬を置ける場所はなく諦めざるをえませんでした。

　その後、村内をうろついていたハチとマリは緊急災害時どうぶつ救援本部のスタッフにより捕獲され、救援本部のシェルターに保護されました。避難所に張り出された飼い主探しの張り紙を見て、山本夫妻はハチたちが無事なことを知りました。しかし、避難所はもちろん次に移った仮設住宅でも犬を飼うことはできず、夫婦はシェルターへ犬たちに会いに通っていました。私が彼らに出会ったのは、ボランティアとしてシェルターワークに参加していた時でした。東京に戻る私に、「帰る家があっていいね…」とつぶやかれたのを今でも覚えています。

　今回の震災と原発事故により、人も動物も多くのものを失いました。置いて行かれたまま亡くなった動物、飼い主と再会できた動物、新しい飼い主と出会った動物などさまざまです。福島では、10年以上経った現在でも震災や原発事故の復興は続いています。

しあう状態」となってしまう。不在時に飼い主を求めて鳴き続けるなどの問題を起こす動物に対して、飼い主は自分の必要性を過度に感じ、愛着度を強めていくことがある。そして、動物を世話することが飼い主の生きがいとなり、その動物がいない日常が考えられなくなると、この関係性は共依存的状態になっていく。共依存*4とは、"問題を起こす人"とその人を"過度に世話することにより自己を維持する人"との関係性をさす。飼い主とペットの共依存の場合、「"飼い主を必要とするペット"を"必要とする飼い主"」ということができる。

人間関係が希薄化・孤立化してストレスの多い現代社会において、「人とペットの関係」が強くなり愛着が深まる要因は多数存在する。両者の関係は時として強く複雑なものとなる傾向があるが、ペットに過度に依存することなく、健全な関係を維持することが望ましい。

4 ペットロスの悲嘆プロセス

キューブラー・ロスの死の受容5段階	
第一段階	否定
第二段階	怒り
第三段階	取引
第四段階	抑うつ
第五段階	受容

悲嘆プロセスにはいくつかの理論がある。最も有名なものとしては、アメリカの精神科医であったエリザベス・キューブラー・ロス（1961）が『死ぬ瞬間：死にゆく人々との対話』の中で述べている5段階説である表4。臨死体験者がたどる心理過程を①否認、②怒り、③取引、④抑

*4 共依存：アルコール依存症の治療現場から生まれたこの言葉は、相手の回復を目指して世話しているつもりが、結果的には問題の維持、錯綜化に寄与してしまうという逆説的な対人関係パターンを指す。この逆説的な人間関係パターンを演じる立場にある者を「イネブラー」と呼ぶ。

うつ、⑤受容としてい
る。

　ペットロスの場合
は、以下の4段階で説
明される場合が多い 。

表5	ペットロスの悲嘆プロセス

第一段階	衝撃期：ショック、否定
第二段階	悲痛期：深い悲しみ、思慕
第三段階	回復期：日常生活への適応（グリーフワーク）
第四段階	再生期：悲嘆反応がほぼ納まった状態

1）第一段階：衝撃期

　行方不明など予期せぬ別れが訪れた場合や別れに対して心理的な準備が
不十分な際に多くみられる。ここではまだ悲しみの感情が薄く、突然の大
きなストレスに自己をどのように対処させればいいのかという葛藤の時期
である。

2）第二段階：悲痛期

　ショックが一応納まり、あるいは予期していた別れが実際に訪れ、深い
悲しみ、思慕、絶望、怒りなどの悲嘆反応が大きく現れる。当事者にとっ
てはもっとも苦しい時期であり、周囲の理解と支援が求められる。

3）第三段階：回復期

　急性期の悲嘆反応は納まったもののまだ数々の悲嘆反応が続くなかで、
愛する動物がいない環境に適応していく時期である。思い出すのがつらい
中、あえて亡くなったペットについて文章を綴ったり、写真の整理をした
りという「悲嘆作業（Grief Work）または喪の作業（Mourning Work）[5]」
を通して、死という既成事実を受け入れていく。

4）第四段階：再生期

　悲嘆反応はある程度納まり、日常生活がほぼ円滑に送れる状態である。
この時期にくると、新しい動物を迎えることも視野に入れられる。

---

[5] モーニングワーク：愛着のある対象を喪失した結果、生じる心理過程をフロイトはモーニ
　ングワークとよんだ。人間はこの過程を経ることによって、失った対象から脱愛着し、新
　しい対象を求めることが可能になるという（心理学辞典　有斐閣）。

第❹章……愛する動物との別れ

図2 位相説

感情純麻　思慕　混乱・絶望　再構成

図3 二重過程説

心理的振動

喪失への対処（感情）　　　現実への対処（理性）
（喪失志向コーピング）　　　（回復志向コーピング）

喪失への対処（感情）　　　現実への対処（理性）

　以上2つの説は段階説と呼ばれる理論であり、時として階段を上るように一段ずつ悲嘆が消失していくと考えられてしまう。しかし実際のプロセスとしては、5段階あるいは4段階の各ステージが行きつ戻りつ、さまざまに交錯しながら経過していく。愛着や悲嘆反応が一人一人異なるように、悲嘆プロセスも個人によってそれぞれ異なる形をたどる。

　段階説に対する批判を受けて新たに考えられた理論として、位相説や二重過程説と言われるものがある。

　位相説 図2 とは、「感情鈍麻」、「思慕、混乱」、「絶望」が一部重なり合いながら経過していくという考え方である。最終的には「再構成」という形で喪失への適応を図る。左から右への経過時間、重なりの状態については個人差があるとされている。

　重大な喪失を体験すると、喪失による悲嘆をどのように対処するかという課題と喪失の結果として発生した生活上の問題をどう対処するかという2つの課題に向き合わなくてはならない。二重過程説 図3 では、前者を喪失志向コーピング、後者を回復志向コーピングと呼び、当事者はこの2つの課題を同時に対処しなくてはならないとしている。時間の経過とともに徐々に回復志向コーピングに軸足は移っていき、喪失による悲嘆から現実への対処が中心となっていくという考え方である。

　喪失による悲嘆の経過、プロセスは従来「立ち直りのプロセス」と表現

されることが多かった。この「立ち直り」という言葉には「もとの良い状態に戻る」という意味が込められており、医学モデル的*⁶な治癒の意味が込められている。しかし、会える可能性のある生き別れは別として、亡くなった動物と再会できることはない。もとの良い状態に戻るというよりは喪失を受け入れ新たな生き方に適応していく、という考え方が適切であるとの見方もある。

5 ペットロスへの準備と対処

(1) 準備

　ペットロスは愛する動物を失った飼い主の「心の状態」であるが、できれば喪失による悲嘆は複雑化せず重篤化しないことが望ましい。ペットとともに暮らすなかで、別れに対してどのように準備ができるのか5つに分けて考えるとよい 。

ペットロスへの準備

1. 先に訪れるペットの死の自覚
2. ペットに依存しすぎない
3. ペット仲間を作る
4. ペットロスの正しい知識
5. 信頼できる獣医師と納得のいく治療

1) 先に訪れるペットの死の自覚

　飼い主が高齢であったり予期せぬ事故などによって亡くなったりする場合は別として、通常は飼い主がペットを見送る立場となる。生き物はすべて生まれた瞬間から死に向かって生を歩むのであり、ペットとの生活も出会いがあれば必ず別れを伴う。愛着が深くなりペットが子どものような存在になると、理性では分かっていながらいつまでも一緒にいられるような

---

*⁶ 医学モデル：19世紀に確率した近代医学に基づき、疾病を持つ人々を個別に相対的に見ず、疾病とその原因を一元的な因果関係で結び付けて解明する特定病因論に寄与するアプローチ。

気持ちを持ってしまうことがある。心のどこかに、別れは確実に訪れること、見送るのは飼い主の役目であることを意識しておきたい。

2）ペットへの過剰な依存を避ける

適度な依存であれば問題はないが、ペットの世話をして一緒に生活することが生きがいになっているような過度の依存は、その動物の存在なくしては円滑な日常生活が成り立たなくなる恐れがある。また、社会の中の様々なストレスをペットの存在によって対処している場合も、精神的に依存している動物の喪失は大きな悲嘆となる。ペットがいなくても、支障なく日常生活を送れるような関係を日ごろから心掛けたい。

3）ペット仲間を作る

この場合のペット仲間とは、「自分がペットに対して持っている気持ちを十分に理解してくれる相手」という意味である。ペット仲間であれば相手にも大切なペットが存在し、動物に対する同じ価値観をもっていると考えられる。ペット仲間同志で、日ごろからペットに関わる情報を共有し、相手のペットを思いやることができる関係作りができていることが望ましい。この関係は、ペットと別れた後に役立つ。

4）ペットロスの知識

ペットの飼い主として、「ペットロスの意味」、「愛着」、「悲嘆と悲嘆反応」、「悲嘆プロセス」などの知識があれば、実際にペットを失ったときに、その状況を理解して受け入れやすくなる。悲嘆反応が現れたとしても、今はこれで仕方ないと思うことができるかもしれない。また、ペットの飼育者でなくても、あるいはたとえ動物が好きでなくても、ペットロスについての知識があれば、大切なペットを失った人へ心ない言葉を告げることなく悲しみを思いやることができる。愛する動物を失う体験への共感が社会

で広がり、ペットロスが公認された悲嘆となるためにも、ペットロスについての知識は不可欠である。

5）信頼できる獣医師と納得のいく治療

特に終末期に納得のいく治療を受けられずに別れを迎えることになった場合は、それが後悔へとつながり、悲嘆のプロセスが長びくことがある。「信頼できる獣医師」の定義には個人差があると思われるが、少なくともインフォームドコンセントの実施が求められる。人医療におけるインフォームドコンセント（Informed Consent）とは「患者に対する十分な情報提供と患者による今後の治療法の同意または選択」という意味である。この「患者」の部分を「飼い主」に置き換えると、そのまま獣医療のインフォームドコンセントとなる。獣医療関係者との十分な話し合いのもと納得のいく治療を進めることができれば、別れた後の後悔も最小限にとどめることが可能である。そのためにも、日ごろから信頼できる獣医師や動物看護師のいる動物病院を、かかりつけ医としてみつけておくことが重要である。

（2）対処

どんなに準備していても愛する動物が逝ってしまえば、飼い主は悲しみに襲われる。ペットとの別れが現実に起こった時にどのように対処していけばいいのだろうか。ここでは「悲しみの解放」と「身体と心の作業」という視点から述べる。

ペットロスの対処

1. 泣くことによる悲しみの解放
2. 言葉による悲しみの解放
3. 身体の作業
4. 心の作業

1）泣くことによる悲しみの解放

愛するペットを失った悲嘆反応として、悲しむのは当然である。しかし、

◀ 写真1 動物霊園の納骨堂
深大寺動物霊園

　ペットは家族とはいいながらも、そのペットを失った時にありのままの悲しみを表現できない状況（公認されない悲嘆）が社会にはまだ存在する。悲しんで泣くことにより、涙とともに悲しみや孤独感、寂しさなどのネガティブな感情を一緒に外に出すことができる。泣くことは一種のストレス解消法であり、最近では「涙活」といわれることもある。情動性による涙を流すことで、疲労感を軽減するという効果とともに、ストレス緩和やリラックスを速やかにもたらす効果を得られるという報告もある。ペットロスの場合にも、泣くことを忌避することなく悲しいという感情を素直に表現することが望ましい。

2）言葉による悲しみの解放

　心にたまった悲しみを泣くことによって吐露した後は、言葉によって悲しみを表現することも大切である。言葉にして語るという作業のなかで自分の気持ちがまとまり、あるいは新たな気づきが生まれる場合がある。この時大切なことは、愛するペットを失って心から悲しいという気持ちを理解し受け止めてくれる相手、聞き役を選ぶことであり、ここでペット仲間が重要な役割を担うことになる。不適切な相手に話した場合は、話した相手から心ない言葉を投げられる可能性がある。ペットを失って悲しいという気持ちの他に、理解してもらえないうえに不用意な言葉で傷つけられるという別のストレスを抱えてしまうことになる。さらに、話しても理解してもらえないという体験から、悲しみを表現することをためらい、「悲しみの解放」とは逆に自分の内に悲しみを押し留めてしまうことも考えられる。

言葉は言霊 (ことだま)

　　動物看護の専門学校に通う洋子さん（仮名）は、末期の猫白血病を患う猫を飼っていました。仔猫の時に保護した子が発病したのです。治療のため週に何回も動物病院に通院していた時、授業でペットロスの話があり、こらえきれなくなった洋子さんはずっと涙を流していました。親しい友達は彼女の猫のことは知っていたはずですが、泣き続けていた洋子さんに向かって、「いつまで泣いてんの。みっともないからやめなよ」と言いました。かわいがっている猫の死が近づいているということだけでも辛いのに、ペットロスの話で苦しい気持ちが蘇みがえり、さらに友達から心無い言葉を投げられ、彼女はほとんどパニック状態でした。その後洋子さんは決心しました。どんなに辛くても決して自分の猫のことは話さない。悲しくても外では笑っていようと。

　　そんな洋子さんの心の支えはお母さんと動物病院の先生でした。お母さんは彼女の辛い気持ちをそのまま受け止めてくれました。そして獣医の先生は、「私たちも最善を尽くしますから一緒に頑張りましょう」と言ってくれました。彼女は先生のその言葉にすがるように、猫を連れて通院していたのです。

　　友達も獣医の先生も洋子さんに告げた言葉は短いものです。しかし2人の言葉は彼女に真逆の作用をしています。ひとつは洋子さんの心を突き落とし、ひとつは救いとなりました。何気なく発した言葉が人を傷つけることもあれば、助けることもあります。言葉は両刃（もろは）の剣であり、言葉は言霊。口から離れた言葉は命をもって相手に伝わります。できるならば、人を苦しめるのではなく、救える言葉を語りたいものです。

3）身体の作業

　「悲しみの解放」の次に実行したいことは、身体と心を無理のない範囲で動かす（作業する）ことである。身体の面から考えてみると、悲嘆反応が現れて日常生活が円滑に行えない状況であるならば、無理のない程度に元の生活に近づける努力をしてみるのも良い。朝起きて夜寝るまでの間に三度の食事をとり、仕事や勉強、遊びなどで体を動かすという当たり前の生活を目指すということだ。生活のリズムを取り戻し身体をケアすることで、自分の心をケアすることにつながっていく。

4）心の作業

　別れたペットとはもう会うことはできないと理性では分かっていても、認めたくないという場合がある。思い出すのがつらくて、亡くなったペットに関連のあるものを全て処分して、無意識のうちに悲しむこともやめてしまうことがある。一見別れのつらさを乗り越え平静に見えるのだが、心の奥に沈んだ悲しみが消えてしまったわけではない。愛する動物の死を受け入れて前に進むためには、喪失という既成事実を認め、心から悲しむことが望ましい。悲しむことをためらうのではなく、悲しみと対峙するために、失った直後に別れのセレモニーやお葬式をすることから始め、今はいないペットに向けて手紙を書いたり、"思い出の記"を綴ったり、ポートレートを作成したり、と自分なりの方法で自身の気持ちと向き合うことを薦めたい。この心の作業は、モーニングワーク（喪の作業）またはグリーフワーク（悲嘆の作業）と呼ばれる。別れの悲しみが深いと「なんで動物なんか飼ってしまったのだろう」という後悔の念を抱くこともあるが、心の作業を通して再び別れたペットと向き合うことで「やはりあの子と出会えてよかった」と思えるようになれる。その時、本当の意味で"ペットとともに暮らした"と言えるのではないだろうか。大切なペットと過ごした日々は二度と戻っては来ないが、ともに過ごした時間と別れの意味を考え、人は内面的な成長を遂げることができるようになる。

🐾 6　子ども・高齢者とペットロス

（1）子どものペットロス

1）子どもの成長とペットの死

　家族に愛された動物を失った時、子どもに死別の悲しみを体験させたくないという親心から、ペットの死を子どもに知らせず、いなくなったことを曖昧にしようとする場合がある。子どもはペットが戻ることを期待した

り、あるいはいなくなったことで自分を責めたり、また戻るか戻らないか理解できずに不安定な気持ちになることもある。

　子どもは日々成長・発達していくが、それをいくつかの段階に分けることができる。その段階により子ど

表8	
子どもの発達段階	
乳幼児期	0 〜 6 歳
学童期／小学校低学年	7 〜 8 歳
学童期／小学校高学年	9 〜 12 歳
成年前期／中学校	13 〜 15 歳
成年中期／高等学校	16 〜 18 歳

文部科学省参照

もがどのように死を捉えるかも異なってくる。およそ5歳までは生と死の理解が未分化で、死の不可逆性を理解できないとされている。個人差はあるが、5歳以下の子どもにペットの死を「眠った」という言葉で表現すると、朝になるとまた起きてくると考えたり、あるいは自分が夜寝たら二度と起きられなくなったりするのではないかと不安を抱く可能性もある。死んだペットは生き返ることがないこと、もう苦しみはないということを、子どもが理解できるように伝えて安心させる必要がある。また保護者の配慮として、保育園や幼稚園、学校の教員あるいは担当スタッフに事実を伝え、家庭外での理解や支援を求めることも有効である。子どもが外で悲嘆反応を示し通常とは異なる行動を起こしたとしても、サポートを得ることが可能となる。

2）死の理解が進んだ子どもへの大人の役割

　6〜8歳になると死の普遍性、最終性をある程度理解できるようになり、一度死ぬともう二度と会えないということが分かるとされている。9歳以上になると、大人と同様の死の概念を持つことができると考えられている。死を理解できる年齢になった子どもにペットの死を隠すことは、事実を隠した大人への不信感へとつながることもある。思春期の子どもは心と身体が大きく成長する不安定な時期である。大人に対しても反発を持つ年齢であり、ペットとの絆をよりどころとしている場合もある。子どもにとって

大切な存在であるペットの死を曖昧にすることなく、事実を伝えることが、それ以後の子どもの健全な成長へとつながる。本人が望み、可能であれば別れの場面に立ち会わせることが望ましい。また、仮に安楽死という決断を迫られた時も、子どもも含めた家族全員での話し合いが求められる。

3）子どもにとってのペットの死の意味

多くの人が医療機関で最期を迎え、死が日常生活から隔絶されたものとなった現代社会において、動物の死は子どもたちに多くのことを教えてくれる。生は有限であること、一度途絶えた命は二度と元に戻ることなく、これはすべての生き物に共通であることなどを動物の死を通して学べる。生が限られているからこそ生きている時間は尊く貴重であることを、動物たちが死をもって子どもたちに伝えてくれる。また、愛する者の死を家族全員で体験して乗り越えていくという機会を、動物が与えてくれると考えることもできる。動物と暮らすということは、生きている間だけでなく、別れを含めて子どもの心の成長に大きな影響を及ぼす。子どもが身近な動物の死から何を学ぶかは、周りの大人の行動が重要である。

（2）高齢者のペットロス
1）高齢になるということ

社会の第一線を退いた高齢者にとって、生活をともにするペットは多様な意味をもつ。体力を含めて身体的機能が徐々に衰えていく高齢者にとって、散歩をさせたりフードを買いに出かけたりなど動物を世話することは、身体に良い影響を与える。また公私共に社会的なつながりが減少する高齢期において、動物たちは人間関係をつなぐ社会的潤滑油としての働きをもつ。そして何よりも、孤独な高齢者に寄り添うペットは、心の拠りどころとして心理的な支援をしてくれる。このように、生活のいろいろな場面で高齢者を支えるペットを失うことは、飼い主である高齢者にとって大きな

喪失となる。

　高齢期に入ると、身体的、精神的、社会的に様々なものを失っていく。体力の衰えや病気による影響で身体的な不具合がでることもある。できていたことが少しずつできなくなると自信を喪失し、

表9

70代の犬の飼育阻害要因

最期まで飼育する自信がないから	**44.2%**
死ぬとかわいそうだから	**28.8%**
別れがつらいから	**28.8%**

ペットフード協会　平成29年度犬猫飼育実態調査より抜粋

介護支援と動物

　2000年に開始された介護保険制度は超高齢社会を迎えるなかで、地域で高齢者を支えていく制度です。今まで主に家族が担い手となっていた介護を、社会全体で支えていきましょう、という趣旨です。介護保険の大きな特徴として、「措置から契約へ」ということがいえます。それまで行政の指示によって決まっていた介護の内容が、当事者自身の選択と契約によって自由に決められるようになったのです。そのために、40歳からの保険金の納付が義務付けられています。

　介護の内容は、ホームヘルプ（居宅介護）、デイサービス（通所介護）、ショートステイ（短期介護）など地域生活の支援が大きな柱となっています。このなかのホームヘルプは、ホームヘルパーとよばれる介護者が、要支援者（介護を必要とする高齢者）の家庭を訪問して支援を実施するものです。支援内容としては入浴、食事、掃除など日常生活に直接関わるものです。もしペットとの生活がその高齢者にとって自立の拠りどころとなっているのであれば、ペットの世話もこのホームヘルプに含まれても良いのではないかと思うのですが、現在動物は支援の対象になっていません。動物を支援することは飼い主支援であることを理解し、高齢者が地域の中で自分らしく生きるための一助として、動物と安心して暮らせる社会環境の整備が進められてもいいのではないでしょうか。動物と暮らすことで高齢者が自立したその人らしい生活を営むことができる社会は、すべての人にとっての豊かさにつながると考えられます。

また親しい同年代の人が亡くなると心理的ダメージを受け、次は自分の番かと弱気にもなる。現役を退き、行動範囲も狭くなると、それだけソーシャルネットワーク[7]も狭くなっていく。体力的な問題、経済的な問題、さらに自分の方が先に死んでしまうのではないかという不安から、動物と暮らすことをあきらめてしまう高齢者が多いことも事実である。

2) 高齢者のペット飼育に求められること

今後求められることは、たとえ独居や高齢者のみの世帯であっても、動物と安心して最期まで暮らせる社会環境の整備である。加齢により日常の世話が難しくなった時に、散歩やフードの購入など飼育の支援をしてくれる人材、動物病院に行けない場合の訪問動物医療や訪問動物看護などが必要である。また飼い主本人の自立生活が難しくなり施設入所する場合のペットの預かり施設やペットと一緒に入所できる施設の整備、あるいは手離さなくてはならない場合の譲渡支援などが必要とされる。そして最後に、愛するペットと別れた後の高齢者の心のケアも欠かすことができない。

7 安楽死

安楽死を英語では"EAUTHANASIA"というが、これはギリシャ語の"eu=good"、"thatos=death"を語源とする。すなわち安楽死のもともとの意味は「良き死」または「幸福な死」と考えることができる。では誰にとっての「良き死」、「幸福な死」なのだろうか。

人の医療において積極的安楽死（第5章参照）が法的に認められている国はオランダやスイスなどごく一部に限られている。日本を含めた大半の

---

*7 ソーシャルネットワーク：ネットワーキングとも呼ばれ、時間・空間・目標を部分的に共有し合う人々の緩やかな関係をさす。

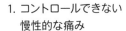

安楽死を考える条件	
1. コントロールできない 　慢性的な痛み	当該動物が慢性的な痛みを感じていて、そのペインコントロールが難しい状況下にある。
2. 自力で生きられず、 　治癒の可能性がない状態	当該動物が排泄、給餌などの助けを必要とし、自力で生きられない状況下にある。かつその状態が改善、治癒する可能性がない。
3. 問題行動による飼い主の 　QOL の著しい低下	当該動物に、徘徊や昼夜逆転などの問題行動が起こり、飼い主の QOL が著しく低下している状態にある

国においては、意図的に致死量の薬剤を投与して死に至らせることは、たとえ当事者本人の希望であっても認められていない。しかし、人の医療では認められていないことが動物医療においては日常的に実施されている現実があり、そこに人と動物の関係における安楽死の難しさが存在する。伴侶動物として家族のように暮らしてきた動物の安楽死を迫られた飼い主は、何を根拠にして決断すればよいのか、難しい状況に追い込まれる。個々の状況により決断の要因は異なるとは思われるが、表10 の３つがすべて当てはまる場合は、安楽死が選択肢の一つとして考えられる。

　表10 の３つの条件がそろっても介護を続ける飼い主もいれば、１つだけの要因で安楽死を選択する場合もあり、決断は各人によって異なる。欧米では「動物は人の下位に位置する存在である」という考え方をもつキリスト教文化が主体であり、安楽死の実施率は日本よりもはるかに高い。一方日本では、「生きとし生けるものすべて自然のままに」という生命の平等性を持つ文化を背景とし、飼い主もそして動物医療関係者も今なお安楽死に対して抵抗を感じる場合が多い。

　大切なことは、動物医療関係者が十分な情報を提供して飼い主家族と話し合い、家族全員の意見を尊重して結論を出すことである。何をもって飼い主と動物のベストとするかはそれぞれで異なり、一方のみのベストではなく、両者のセカンドベストという選択もありえる。どのような結論を出

しても後に迷いや後悔がよぎる可能性はあるが、動物看護師を含めた動物医療関係者が飼主の決断を尊重し、サポートすることも、飼い主支援として重要である。

8　愛する動物と別れた後を生きる

　喪失後をどのように生きていくかも大きな課題である。大切な存在を失い元の状態にそのまま戻ることはできないが、出会いと喪失に意味を持たせて生きていくことはできる。どのように意味を持たせるかは個人の葛藤であるが、それが当事者の内面的成長につながることもあり、"Posttraumatic Growth"（心的外傷後成長）と呼ばれている。意味としては、「危機的な出来事や困難な経験と精神的なもがき・闘いの結果生じるポジティブな心理的変容の体験」であり、これをペットロスの文脈で「愛する動物と別れた悲しみを乗り越えた後の心の成長」ととらえることができる。別れはつらく悲しい体験だが、それでもあの子と出会い、ともに過ごせた時間は何物にも替えがたいと思えるようなったとき、その人の中で何らかの肯定的な変化がある。これを、亡くなったペットからの最後の贈り物という人もいる。

　そのためにも、ペットの闘病中あるいは介護中にできることは可能な限りすべてやり、後悔のなるべく少ない別れを迎えられるようにすることが重要となる。どんなに闘病や介護が大変でも永遠には続くわけではなく、その時間を丁寧に過ごしていくこと、そして、別れた後は思い出すことを躊躇せず、出会えたことに感謝することが大切である。

9　動物看護師とペットロス

　2019年6月に制定された愛玩動物看護師法では、愛玩動物看護師の業

当事者として思うこと 17歳の犬との別れ

2017年1月、17歳と1か月の愛犬が旅立ちました。前年9月下旬に椎間板ヘルニアで歩けなくなってから、平日は主治医の病院に入院し、週末は家に戻すという生活を2か月ほど過ごし、その後大きな発作を起こしてからはずっと入院していました。生きているのが不思議と思われるような腎臓の数値で2か月近く頑張ってくれました。私たち家族が別れる準備が十分にできる時間を作ってくれたと思っています。絶対に無理と思っていた首都

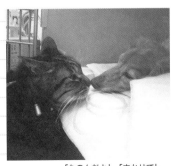

「たのんだよ」、「まかせて」。
入院先でのバトンタッチ

高も愛犬のためなら必死で運転し、南大沢から南小岩まで毎日会いに通っていました。途中通うのが苦しくなった時、「今日会ってなくて明日ラムが死んだら後悔するでしょ」と娘から言われた一言、先生からの「この状態が永遠に続くわけではない」という言葉は今も心に残っています。生きている間にどれだけ悔いの残らない時間を作ることができるか、それが別れた後前に進む力となってくれます。今でも無性に会いたくなる時があり、霊園に行って納骨堂で手を合わせます。向き合える場を作ることや写真を見て泣きたくなったら涙を流すことも大切です。愛犬とともに過ごした時間を思い出しながら、今は19歳と1歳の2匹の猫との生活を楽しんでいます。いつかこの子のたちとも別れなくてはならないけど、後悔の少ない別れができればいいなと思っています。

務の一つに「愛玩動物の愛護・適正な飼養に係る助言その他の支援」があり、Veterinary Social Work の一領域であるペットロスの状態にある飼い主支援は、愛玩動物看護師の重要な仕事である。大切なペットを失った飼い主へのサポートは動物看護師だからこそできる業務の一つと考えられ、以下のような内容が考えられる。

・ペット霊園など葬儀に関する情報を提供する。

・お悔みカードや花を送る（これは各動物病院の方針にもよる）。

・悲嘆反応で悩む飼い主に対しては、それが自然な反応であることを説

明し、不安の解消に努める。

・飼い主が悲しみの気持ちを表出してきたときには、それを受け止める。
受容の姿勢を持ち、相手の気持ちに寄り添い、心を込めて聞く（傾聴）＊8。

また、亡くなる前の闘病時、あるいは老齢期の治療や介護についての飼い主の様々な相談にのり、悩みや不安の解消に努めるのも動物看護師の役割といえる。

「ペットロスに関わるのは抵抗がある」という声を、動物看護師から聞くこともある。動物看護師は心理の専門職ではないが、愛するペットを最期まで看てもらった動物看護師に話を聞いてほしいという飼い主は少なくないと思われる。獣医師と飼い主の間に立つ動物看護師という立場で、飼い主が発する言葉に耳を傾け、想いを受け止める姿勢を持つことは可能である。わずかな時間であっても、真摯に聞いてもらうことで気持ちが軽くなる場合もあり、これは大切な飼い主支援と考えられる。ベテリナリーソーシャルワーカーとしての動物看護師はペットとの別れの前後において飼い主に伴走し、最終的に当事者である飼い主が亡くなったペットと出会い、ともに過ごせたことを肯定する気持ちを持てるように支援をしていくことが目標ではないかと考えられる。

愛玩動物看護者の倫理綱領

ペットロスの支援を含め、動物医療の現場で動物看護師としてどのように業務を遂行すればいいのか、迷いが出る場合も少なくない。そのようなときに参考にしてほしいのが「愛玩動物看護者の倫理綱領」（一般社団法人 日本動物看護職協会 2020年改制定）である。倫理綱領とは倫理規範を列挙したもので、各種職能団体においてそれぞれの倫理綱領をもち、専門

＊8 クライアントの今の悩み、感情、思いを自由に語れるように積極的に聞く面接者の技法、あるいは姿勢。

職としてのモラルを推進している。

　「愛玩動物看護者の倫理綱領」は、前文と4つに分類された14の綱領から構成され、動物、飼い主、実践業務、社会に対する愛玩動物看護師としての責任を謳っている。獣医師や飼い主との関係の中で、動物看護の専門職としてどのような行動をとるべきか判断に苦しむような際に、行動（業務）規範である倫理綱領に立ち返り、取るべき行動を考える必要性がある。

　人と動物の共生には、出会いと、一緒に過ごす時間、そして別れが伴う。ともにより良く生きるために、その出会いから別れまで、動物看護師がサポートできることは多く、人と動物両者にとっての理解者、支援者として欠くことのできない存在である。

ペットロスの絵本

　絵本にはペットロスをテーマにした優れたものがたくさんあります。

『ずーっと　ずっと　だいすきだよ』
ハンス・ウィルヘルム　久山太市訳　　評論社
　小学校の国語の教科書にも載ったこのお話は、一人の男の子とその子の犬であるエルフィーとの成長と別れのお話です。生きている間にできること、やってあげたいこと、やらなくてはいけないことはすべてすること。そして大切なことはきちんと言葉で伝えることの大切さを教えてくれます。

『いつでも会える』

菊田まりこ　学研教育出版

　シロという1匹の犬がミキちゃんという飼い主さんを失うというオーナーロスのお話ですが、伝えたいことはペットロスも同じです。死別とは、大好きな相手に触れることも、声を聴くことも、臭いをかぐこともできなくなることです。だけど本当は「遠くて近いところ」でいつでも会えるのです。

『ねえ、マリモ』

やまだけいた　講談社

　「犬の映画」の中の1編です。マリモという1匹の犬と共に成長して、別れを迎えた少女のお話です。愛する犬を失うと悲しみのあまり「どうして犬なんか飼ってしまったんだろう…」と思うこともあります。でも、共に過ごした時間はかけがえのない宝物です。出会えてよかった、と思える時が必ず訪れます。

『別れのレッスン：さようなら、私の猫たち』
（品切中）

　　大塚敦子　講談社

　著者がアメリカ滞在中に飼い始めた2匹の姉妹猫たちは、どちらも猫白血病に罹患していました。死力を尽くし猫たちの治療と看病にあたるも、最後は病院で死なせてしまい、著者は大きな後悔の念に襲われます。1分1秒でも長生きしてほしいという思いを捨て、「もういいよ、がんばったね」と言ってあげられていたなら、自宅の自分の腕の中で看取れ

たかもしれない…大好きなペットに逝って欲
しくなくて引き留めたいと思うけど、時とし
て"Let go"させて（逝かせて）あげる勇気
も飼い主には必要かも。10年経って著者がやっ
といえた言葉です。

『ダギーへの手紙：死と孤独、小児ガンに
立ち向かった子どもへ』
　E. キューブラー・ロス 佼成出版社

　これはペットロスの本ではありませんが、
『死ぬ瞬間』で有名なキューブラー・ロス博士
が、小児がんの少年からの「なんでぼくは死
ななくてはならないの」という問いかけに対
して、自ら答えた手紙を本にしたものです。
生きるということ、死ぬということ、命の大
切さを子どもにもわかる優しい言葉でつづっ
た、心温まる 1 冊です。

『虹の橋 Rainbow Bridge』

　作者不詳（Author unknown）のこの作品は、
1990 年代にインターネットと共に世界中に広
がりました。愛するペットと別れた飼い主が、
天国の手前にある草原でペットと再会し、共
に虹の橋を渡って天国に向かうという内容で
す。別れがどんなにつらくても、また会える
という希望を与えるこの詩は、ペットロスに
苦しむ多くの飼い主さんの心の支えとなって
きました。

愛玩動物看護者の倫理綱領

一般社団法人 日本動物看護職協会
2020年1月制定

前文

　動物も人と同様に、自らの存在を尊重され、健やかな一生を送ることを保障されなければならない。しかし、動物たちは言葉を通して直接人に訴えることはできない。人は、動物たちは人に何を望んでいるかを常に考え、動物たちの願いに応えなければならない。

　愛玩動物看護者は、動物看護の専門職であり、愛玩動物の診療補助、看護並びに動物飼養者等に対する動物愛護および適正飼養の支援をする。

　一般社団法人日本動物看護職協会は『愛玩動物看護者の倫理綱領』を定めることにより、動物医療施設等における動物看護を実践する専門職の行動指針と動物看護実践を振り返る際の基盤を提供し、また、社会に対して愛玩動物看護者の責任範囲を明確に示す。

綱領

Ⅰ 動物に対する倫理と責任

1. 愛玩動物看護者は、動物の生命と権利を尊重し、動物愛護と福祉の向上に努める。
2. 愛玩動物看護者は、動物種の特性、行動を理解し、必要な援助を考え、普遍的愛情をもって動物看護を提供する。
3. 愛玩動物看護者は、対象となる動物が危険な状況にあるとき、適切な動物看護の提供が阻害されている場合は、その動物の保護および安全確保に努める。

Ⅱ 飼養者に対する倫理と責任

1. 愛玩動物看護者は、動物飼養者に対して誠意を持って対応し、信頼関係を築くよう努め、その信頼関係に基づき動物看護を提供する。
2. 愛玩動物看護者は、動物飼養者の知る権利および決定権を尊重する。

Ⅲ 動物看護実践と責任

1. 愛玩動物看護者は、業務上知り得た動物飼養者並びに看護動物の情報を保護し、守秘義務を遵守する。また、これを他者と共有する場合には十分な配慮のもと適正に管理する。
2. 愛玩動物看護者は、自らの意思を持ち、自己の責任と能力を的確に判断した上で動物看護を実践し、自らの看護に責任を持つ。
3. 愛玩動物看護者は、自ら学習を継続し、動物看護に必要な知識と技能の維持向上に積極的に努める。
4. 愛玩動物看護者は、良質な動物看護を提供するために、動物医療福祉関係者等と協働する。
5. 愛玩動物看護者は、動物看護に必要な基準に従い、それに基づく看護実践を通して専門的知識・技術の向上に努め、動物看護学の構築と発展に寄与する。

Ⅳ 愛玩動物看護者の社会に対する倫理と責任

1. 愛玩動物看護者は、自らの品行を常に維持し、社会の信頼を得るよう努め、同時に良質な動物看護を提供するため、自己の健康保持と増進に努める。
2. 愛玩動物看護者は、動物の看護とともに、人と動物の共通疾病に配慮し、人の健康並びに公衆衛生に貢献する。
3. 愛玩動物看護者は、動物愛護および適正飼養の普及に努め、より良い社会づくりに留意し、環境問題について認識を深め、その改善に貢献する。
4. 愛玩動物看護者は、一般社団法人日本動物看護職協会を通じて、愛玩動物看護者の社会的認知と評価を高め、動物医療と動物看護の発展に寄与し、人と動物のより良い共生社会の実現に貢献する。

参考文献

1) エリザベス・キューブラー・ロス（著）／鈴木晶（訳）（1998）．死ぬ瞬間　死とその過程について　読売新聞社

2) エリザベス・キューブラー・ロス（著）／アグネス・チャン（訳）（1998）ダギーへの手紙 —死と孤独、小児ガンに立ち向かった子どもへ　佼成出版

3) ハーバート・A ニーバーグ／アーリン フィッシャー(共著) 吉田千史・武田とし恵（訳）（1998）．ペットロス・ケア 読売新聞社.

4) ハンス・ウィルヘルム（著）／久山太一（訳）（1995）ずーっとずっとだいすきだよ 評論社

5) 菊田まりこ（1998）いつでも会える 学研

6) 宮本幸江／関本昭治（2012）はじめて学ぶグリーフケア　日本看護協会出版会.

7) 中島義明 ほか（編）（1999）心理学辞典　有斐閣

8) 小此木啓吾（1979）対象喪失—悲しむということ　中公新書

9) 大塚敦子（2003）別れのレッスン　さようなら、私の猫たち　講談社

10) パッチ・アダムス／モーリーン・マインランダー（著）／新谷寿美香（訳）（1999）パッチ・アダムスと夢の病院. 主婦の友社

11) ロバート・A ニーメヤー（著）／鈴木剛子（訳）（2006）．〈大切なもの〉を失ったあなたに　喪失をのりこえるガイド　春秋社

12) ローレル・ラゴーニ／キャロリン・バトラー，スザンヌ・ヘッツ（著）／鷲巣月美（監訳）／山﨑恵子（訳）（2000）ペットロスと獣医療—クライアントへの効果的な支援　チクサン出版社

13) 坂口幸弘（2012）死別の悲しみに向き合う　グリーフケアとは何か　講談社現代新書

14) 坂口幸弘（2019）喪失学「ロス後」をどう生きるか？　光文社新書

15) 社団法人日本精神保健福祉士協会・日本精神保健福祉学会（監）（2006）精神保健福祉用語辞典　中央法規

16) Stewart . Mary F（著）／永田正（訳）（2000）コンパニオンアニマルの死　獣医療のための実際的、包括的ガイド 学窓社

17) 富武・田淵・藤田　がん患者遺族の心的外傷後成長の特徴とストレスコーピング・ソーシャルサポートとの関連（2016）日本看護研究学会雑誌 Vol.39　No.2

18) 鷲巣月美／林良博／森裕司／秋篠宮文仁／池谷和信／奥野卓司（2008）ペットロス ヒトと動物の関係学第3巻ペットと社会. 岩波書店

19) 鷲巣月美（編）（2000）ペットの死その時あなたは　三省堂

20) やまだけいた（2005）ねえ、マリモ　講談社

21) 山川伊津子（2012）緊急災害時動物救援本部福島シェルター活動報告　ヤマザキ学園大学紀要

22) 山川伊津子（2015）川添敏弘（監修）ペットロス 知りたい！やってみたい！アニマルセラピー　駿河台出版

23) 山川伊津子（2019）ペットの飼育　認定動物看護師教育コアカリキュラム 2019 準拠 応用動物看護学1　エデュワードプレス

24) 上野雄己・飯村周平・雨宮怜・嘉瀬貴祥（2016）困難な状況からの回復や成長に対するアプローチ ―レジリエンス，心的外傷後成長，マインドフルネスに着目して― 心理学評論

25) 葉祥明（2007）虹の橋―Rainbow Bridge　校正出版社

26) 養老孟子（編著）（2005）ひとと動物のかかわり 河出書房新社

動物との別れと動物病院

woof
woof

第5章

　動物病院の主な役割は、動物を治療し元気にすることであるが、疾病に敵わず、亡くなってしまうこともある。動物病院では様々な形で動物の最期を見届けることとなる。一つとして同じ死はなく、そこにはそれぞれ飼い主の想いがある。飼い主がペットの最期に納得できるように、動物病院では様々なサポートを提供している。動物との別れのかたちには、動物病院内で亡くなる場合、自宅で看取る場合、そして安楽死によって最期を迎える場合がある。それぞれの別れのかたちについて具体的に説明し、亡くなったあとにどのようなことができるのかを考えてみたい。

1　動物病院での看取りの実際

（1）緊急時の連絡

　緊急状態で来院してそのまま亡くなる場合、入院中に状態が改善せず亡くなる場合、手術中に亡くなる場合など多くの動物が動物病院で最期を迎える。動物病院でなにより緊張感が走る瞬間は、飼い主が予期していない状況でそのペットが亡くなってしまうケースである。すべての動物病院スタッフが動物の最期を飼い主に受け入れてもらいたいと思っており、そして可能ならそばにいてほしいと思っている。飼い主不在の間の不測の事態に備え、動物を預かる際には、緊急時の連絡先をうかがうことがある。さ

動物病院で事前に確認される緊急蘇生措置時の対応例
① 気管挿管や心臓マッサージなどの蘇生措置を望まない
② 蘇生措置を行うが、助からないと判断される場合は獣医師の判断で措置を中止する
③ 蘇生措置を行い、飼い主が中止と判断するまでその措置を継続する

らに動物病院によっては、緊急時の対応はどのようにしたらよいかを飼い主に事前に確認することもある。

これは、高齢の場合や予後が厳しい場合など、動物の状態によっては蘇生措置を望まない飼い主もいるためである。飼い主にとって、緊急蘇生措置という最悪の状況を想像するのは辛いことであろう。しかし、もしものときに速やかに適切な対応を行うためであるので、尋ねられた場合はどのような対応を希望するか伝えてほしい。

動物の状態が悪化傾向にある場合、院内で情報を共有し、速やかに飼い主へ電話で伝えることが一般的である。動物病院によっては入院中に定期的な連絡をしてくれるところもある。しかし、それ以外の予期しない電話連絡は、飼い主にとって基本的にはいいことではない。心して話を聞き、具体的な指示（動物病院へ来る、そのまま連絡を待つ、など）を仰いでほしい。獣医師が直接飼い主に連絡ができず、動物看護師に連絡を依頼することもある。どの程度の悪化なのかに関しては、直接見ている獣医師以外からは正しく伝わらないことなので、可能であれば動物病院へ来院し、その子の状態を直接確認し、担当医に話を聞くとよい。こういった緊急の連絡を冷静に受け止めることは難しい。動物病院への移動手段として、自身で車を運転する場合も多いと思うので、気を落ち着かせてから出発してほしい。

(2) 心肺蘇生（CPR: Cardiopulmonary Resuscitation）

呼吸停止や心停止などといった生命の危機的状態において、気管挿管や心臓マッサージ、薬剤の投与などを行って蘇生を試みることを心肺蘇生

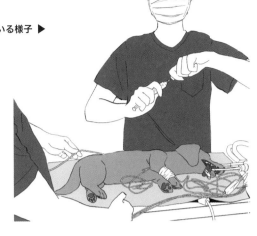

図1 動物の心臓蘇生処置を行なっている様子 ▶

（CPR）という。医療従事者にとっては日常的なことだが、飼い主にとってはかなり衝撃的な場面だと思われる 図1 。預けている動物が心肺停止状態になったとの連絡を受けて動物病院へ到着した際、動物病院スタッフから立ち会いの希望について聞かれることがある。多くの飼い主はすぐに動物の近くへ行きたいと思うだろうが、中には実際の動物の姿を目の当たりにして強い

語句説明 ❶　心肺蘇生（CPR）

　心肺停止となった症例に対して蘇生（心拍の再開）させるための試みのことをいう。気道の確保、人工呼吸、そして心臓からの血流の拍出を促す。気道の確保のためには喉を覗いたりガーゼで拭う必要があり、動いていない心臓からの血流の拍出は主に心臓マッサージ 図2 を施したり、必要に応じて除細動器（AED）を使用する。2012 年にアメリカで大規模な文献調査（Reassessment Campaign on Veterinary Resuscitation; RECOVER）の結果、ガイドラインが公表された。獣医療における CPRでの心拍再開は 13%、生存退院率は 4%という報告があり、非常に厳しい状況であったが、救急救命に対する意識の向上と専門家の努力により年々改善傾向にある。このガイドラインでは、動物の状態把握と同時になによりもまず心臓マッサージを行うことが重要であるということが示された。そのため、担ぎ込まれるやいなや獣医師が心臓マッサージを始める可能性があることを理解していただきたい。

図2

ショックを受けてしまう飼い主がいるためである。基本的には早めに案内し、なるべく不安を与えないようにしたいが、他に処置中の動物がいたり、危険な医療機器などが通路にあったり、すぐに希望に添えないこともある。少し待つように伝えられた場合は、気持ちを落ち着かせ、待合室など案内された場所で待機しておく。自分のペットの心肺蘇生措置を目の前にした際、泣き崩れたり、動物を励ましたりと飼い主の反応は様々である。ときにはショックが大きすぎて座り込んでしまうことやその場に居ることができないこともある。基本的に動物の近くで励ましてほしいと思うが、辛くてそばにいてあげることができない場合はその旨を伝えてほしい。動物病院スタッフは、椅子を用意したり、別の個室に案内したりと、適切な対応をしてくれるはずである。

(3) 蘇生措置の中断

　蘇生措置に反応しない場合、どこかで措置を中断して死亡を確認する必要がある。これは、基本的には飼い主の同意が必要である。心肺停止から数十分が経過している、呼気中二酸化炭素濃度が低下している場合などは、それ以上蘇生措置を継続することは無益であり、むしろ動物の遺体を損傷することもある。獣医師はこれらの客観的な指標をもとに蘇生措置の中断を提示することになる。次ページに示した奇跡のような動物の反応が見られるのはほんの一握りのことであり、獣医師が無理だと判断した後に回復することは期待できない（もちろん、病態的に回復する可能性がある場合は、このまま頑張ってもらうことを提示している）。飼い主にとって受け入れ難い場合もあると思うが、どこかで決断する必要がある。大事なことは自分が納得して決断するということである。このとき担当獣医師との間に信頼関係が構築できていれば、判断を任せることができる。もし少しでも疑問が残る場合は、処置の継続を希望し、改めて息を吹き返す可能性について聞いてほしい。

心肺蘇生措置で感じた動物と飼い主の絆

　臨床現場では、呼吸が停止してしまい、完全に意識が消失した状態でようやく家族が到着することもあります。そのような場合でも、蘇生措置中には動物の生命力や飼い主との絆を感じることが起こり得ます。シュナウザーのＡちゃんは重度の急性膵炎で入院していましたが、ついに呼吸停止となり、心肺蘇生が必要な状況になってしまいました。人工呼吸でなんとか生命を維持していますが、すでに刺激に対する反応は見られず、厳しい状態でした。飼い主さんの到着後、状況を一通り説明し、深刻な状態を理解してもらったうえで、奇跡を信じて待つこととなりました。10分以上声をかけたりしても全く目覚めないため、状態が厳しいことが徐々に理解されているようでした。ご家族は昔を懐かしむように、小さな頃この子とこうやって遊んでいたという"耳の周りをこちょこちょするような動作"をしました。すると、心拍数が上がり、少しだけしっぽが動いたのでした。数回この反応が見られた後、しばらくしてこの子は亡くなってしまいました。動物は最期までご家族のことを考えていて、最期まで飼い主との大切な思い出を享受していることを実感しました。動物が最期の力を振り絞って飼い主へ与えてくれた、かけがえのないプレゼントのように感じました。

2　自宅での看取りの実際

（1）動物病院での最期か自宅での最期か

　動物病院は医療的には充実しており、酸素化や静脈点滴、輸血、ときには人工呼吸管理などが可能である。状態の改善が見込める間、できる限りの医療を提供することに誰も異論はないと思う。しかし、状態の改善が見

メリット	動物が落ち着いた環境で過ごせる 周りの目が気にならない ずっと一緒にいることができる
デメリット	一部の治療ができない 状態の把握が困難 急変時の対応ができない

▲ 写真1 胃瘻チューブによる非経口給餌を
行っているところ
食事ができなくなった際、直接胃の中に流
動食を給餌することが可能となる。チュー
ブの設置には全身麻酔が必須である。

経鼻カテーテル

▲ 写真2 経鼻カテーテルを設置した著者の猫
鼻から食道へチューブが通されており、水
に溶かした薬の投薬も可能である。チュー
ブの設置に全身麻酔は不要で従順な動物で
あれば容易に設置可能である。

込めない場合において自宅で
の看取りを希望する飼い主は
多い。普段過ごしていない場
所は、動物にとって安心して
落ち着ける場所ではない。一
部の人慣れした子を除いて、
警戒していたり不安を感じた
りしている。もちろんそれは飼い主
にとっても同じであり、面会が許さ
れても長居することに抵抗があった
り、周囲の目線が気になったりする
のは当然である。誰もが落ち着く場
所で一緒に過ごしたいと思っている。
予想したように改善が認められない
場合、どの程度予後が期待できるの
かを尋ね、もしも自宅での看取りが
選択肢の中に生じたならば、担当獣
医師に遠慮なく相談するとよい。

（2）自宅における看取り時の動物のケア

　自宅での動物のケアは、まず動物
の状態をよく理解することが重要で
ある。動物病院で実施可能であった
医療的な行為ができない、という点
は悩ましい。そこで家での看取りを
行う際、症状を緩和させるためにで

きることを取捨選択する必要がある。自宅でも実施できる具体的な例としては、投薬、皮下点滴、低酸素に対する自宅での酸素室の設置（レンタル可能な業者がある）、けいれん

発作を止める頓服、などがあげられる。飼い主の協力が必須であるが、実際は多くの医療的な行為が可能で、動物の苦痛を取り除くことができる。しかし非経口栄養チューブを設置 写真1, 2 することや麻薬性の鎮痛剤のシール（語句説明②）を貼ることなど、動物病院でしかできないこともある。これらを実施することで退院後の自宅でのケアが容易となる。動物病院でできること、自宅でできることを担当獣医師によく聞いて理解しておいてほしい。これら医療的な面だけではなく、飲水や食事、排尿排便など、今まで普通にできていたことができなくなり、ケアが必要になることもある。経験の乏しい家族だけで終末期のケアをすることに不安を感じるのは当然のことなので、気になったことは動物病院のスタッフに随時尋ねてほしい 表1 。

　自宅では亡くなる前に認められるサインに注意しつつ 表2 、ゆっくりと動物と一緒に過ごせる時間を大切にしてほしい。医療的にできることは限られており、見守ることしかできないと思うかもしれない。しかし、口を拭いてあげる、暖かくしてあげる、なでてあげる、寝床を整えてあげる、抱っこしてあげる、声をかけてあげるなど、してあげたいと思ったことをやってあげるとよい。これら一つ一つが動物にとっても飼い主にとってもプラスとなる。よい看取りにつながり、その後の悲しみを乗り越えるために重要な時間となる。

表1 自宅で看取りを行う際の確認事項	
食事	普通の食事が可能かどうか、1日量、何回に分けるべきか、柔らかくするなどの工夫は必要か、おすすめのフードはあるか
飲水	普段の飲ませ方でよいか
排泄	トイレは普段通りでよいか
散歩	可能かどうか、注意点
過ごす場所	温度調節、広さ、クッション材などの必要性、酸素室の必要性
投薬	薬は必要か、なんの薬を飲んでいるのか、薬の優先順位
その他の処置	外傷のケア、点眼、点滴の方法、非経口栄養チューブなどの扱い方
通院	通院が必要かどうか、その頻度
連絡	どんな状況になったら連絡をすべきか
その他	亡くなってしまった場合の対処方法（遺体のケアや供養など）

表2 動物が亡くなる前に認める徴候	
食べなくなる	食べる量が減り、徐々に痩せていく
顔を上げられなくなる／意識がぼんやりする	元気がなくなり、ほとんど眠った状態
呼吸が変化する	速く苦しそうな呼吸の場合と、ゆっくりすぎる場合の両方がありうる
心拍数が低下する	最終的にはゆっくりとした脈になる
失禁や嘔吐	これらの徴候の後に心停止することが多い
意識の消失	目の力や反応を見て意識がないことを判断する

（3）自宅で最期を迎えた後（あと）は

　看取り後に行うべきことを 表3 に示した。辛い気持ちを我慢する必要はないので、心が落ち着いてから遺体の清拭（せいしき）を行い、適切に保管して葬儀や供養までの時間をともに過ごしてほしい。自宅で動物の最期を看取った後は、可能であれば動物病院へ連絡してもらえるとありがたい。一部の飼い主は動物病院関係者と話すことが辛く、連絡ができない場合がある。予

表3

看取り後に行うこと

遺体の清拭	目やにをとる 耳垢をとる お尻を拭く おしっこ汚れを拭く
遺体の保管	保冷剤で冷やす 箱に安置する 好きなものやお花を入れる
葬儀および供養	民間業者へ予約の連絡をする 自治体での火葬をお願いする 自宅にて埋葬する
報告と届け出	動物病院や担当獣医師への連絡 市町村役場へ 30 日以内に届け出する（犬）

後不良と判断し、自宅での看取りを選択された家族からしばらく連絡がない場合、おそらくその動物は亡くなっていると考えるが、なかなか動物病院スタッフからは連絡しにくいものである（動物病院によっては状態の確認のため、飼い主へ定期的に連絡してくる場合もある。その場合は、困っていることや悩んでいること、動物の状態で変化した点などを伝えてほしい）。動物を看取った後、どうしたら良いのかわか

語句説明 3　エンゼルケア

　亡くなった後に遺体を清める作業のこと。身体を拭く清拭、頭髪を整え衣服を着替えさせる見繕い、さらに人では死化粧を施している。身体だけではなく着衣が汚れていたり、場合によっては点滴や気管挿管などたくさんの挿入物が入っていることもあるため、これらを取り除くことも行う。亡くなった方の尊厳を保ち、よいお別れに向けて大切なケアである。

らないこともあると思う。遺体の取り扱い、供養について、保健所への報告（犬の場合）、医療機器や器具の処理など不安なことは教えてもらうとよい。なお近年、後述するエンゼルケアを実施してくれる動物病院やグルーマー（トリマー）が散見されるようになった。飼い主の希望に応じて遺体を整える処置を施してくれることもあるため、一つの選択肢としてほしい。

3 動物病院と安楽死

（1）安楽死の定義

　死期が差し迫っている患者の耐え難い苦痛を緩和ないし除去して、安らかな死を迎えさせる措置のことを安楽死という。安楽死は以下に分類される。

> ・間接的安楽死（セデーション）：
> 　苦痛緩和のための麻酔薬の使用が結果的に死期の短縮を伴う場合
> ・消極的安楽死：死苦を長引かせないために延命の積極的措置をとらない場合
> ・積極的安楽死：作為の直接的な生命の短縮により死苦を終わらせる場合

　日本において人に対する積極的安楽死は違法であり、「殺人罪」あるいは「殺人ほう助罪」いずれかにあたる。前章で述べたとおり、人の医療において積極的安楽死が法的に認められている国はオランダやスイスなどごく一部に限られている。動物病院で「安楽死」の話をする場合、積極的安楽死のことを指している。安楽死と混同されやすい言葉である尊厳死は、"人間（生き物）としての尊厳を保ちながら死を迎えること"と定義されており、国や人により解釈が異なる。本章において、以下、安楽死という言葉を積極的安楽死と同義で用いている。

語句説明 ❹　ペットの尊厳死

　動物が終末期に自分自身を省みて、情けないとか自分らしくないなどを感じているのかどうかはわからない。そのため飼い主がどう感じるかが重要であり、飼い主が自身のペットが尊厳を失っていると感じれば、尊厳死と表現することができる。よく食べる姿、元気に走り回る姿、安らかな寝顔、なにが失われたときに"我が子らしくない"と感じるだろうか。日本では、人において積極的安楽死が認められていないこともあり、尊厳死は消極的安楽死に近い意味合いをもっている。ペットの尊厳を保つための選択肢は安楽死だけではない。延命を望まず自宅で過ごすこと、苦痛を緩和させる処置など幅が広いことを覚えておいてほしい。

（2）安楽死の適応

人では積極的安楽死は違法であることは述べたが、過去の裁判で人の安楽死の要件について提言されている。

人における安楽死の要件（東海大病院事件、横浜地裁判決、1995年）

・患者が耐えがたい苦痛に苦しんでいること
・患者の死が避けられず、その死期が迫っていること
・患者の肉体的苦痛を除去・緩和するために方法を尽くし他に代替手段がないこと
・生命の短縮を承諾する患者の明示の意思表示があること

動物の場合、これらを満たさない場合も安楽死が施されている現実がある。動物病院にて安楽死を希望されるシチュエーションについて に示した。

現段階では動物に意思はない（意思はあるが意思疎通はできない）ため、その承諾を得ることはできず、飼い主の判断となる。また、どの程度の苦痛で苦しんでいるかの判断も、飼い主および獣医師間で臨床徴候や検査結果から主観的あるいは客観的に決定されている。

安楽死の適応として倫理的に正しいとは言い難いが、人間の都合で動物の安楽死を希望する場合がある。

表4

動物病院にて安楽死を希望されるシチュエーション

	具体例
予後不良と判断	脳腫瘍、慢性腎不全末期、腫瘍の肺転移
動物の苦痛が重度	水頭症、後躯麻痺
問題行動	夜鳴き、攻撃行動
飼い主の都合	引っ越し、経済的問題、飼育者の死亡

　これらは上述したとおり、倫理的に正しいとは言い難い。このような安楽死を認めない獣医師も多いだろう。かといって生き物であるので放っておくという選択肢はある意味、死より辛いことになりかねない。どこまでその生命に責任を持てるかはそれぞれの都合もあると思うが、現在ではさまざまな救済手段がある。昔と比べて情報発信は容易になり、里親募集なども可能である。さらには保護施設を運営している民間施設は増え、多くのボランティアが譲渡活動を行っている。このような飼い主の一方的な都合による安楽死を減らすことは多くの獣医師の望みでもある。もう安楽死しかない、と思い込んだ状態で動物病院や保健所へ動物を連れてくる飼い主も多いが、他にもできることがあるかもしれない。動物の悩み事はなるべく早くかかりつけ医に相談するのが望ましい。

　安楽死に関しては、人それぞれの価値観があるのが難しい点である。日本と比較して、欧米ではハードルはより低い傾向がある。日本の臨床獣医師が1年間に行った安楽死処置の数は、2.48回であったと報告しているが、これはアメリカのサウスカロライナ州の調査によって報告された月7.53回に対して非常に少ない。アメリカの調査の一部の施設は大動物の診療を実施していることも影響があるかもしれないが、アメリカでは今後苦痛が予想されるのであれば、それをあえて味わせてしまうことをよしとしない価値観があるためである。どちらが良い、悪いではないが、日本人は生命の平等性という文化背景があり、なるべく自然に生きることに対して美学を見出す傾向があると思われる。

（3）安楽死が求められる疾患

　動物病院で治療中の動物が予後不良と判断され、安楽死を求められることがある。具体例として以下のような状況がある。

> ・脳腫瘍によるけいれん発作
> ・慢性腎臓病の末期
> ・腫瘍の肺転移による呼吸困難

安楽死の原因	
腫瘍および腫瘤	19.6%
衰弱	11.1%
問題行動	7.3%
脳障害	7.1%
運動器障害	5.9%
QOL（生活の質）低下	5.7%
心疾患	4.6%
消化器障害	3.7%
下部呼吸器疾患	3.7%
脊髄疾患	3.5%
腎臓疾患	3.4%

Pegram（2021）より改変

　表5にイギリスにおける安楽死の原因についての調査結果を示した。安楽死の理由として19.6%が腫瘍性疾患（がんあるいは腫瘍＝しこり）であった。獣医療において、"がん"＝"末期"と思い込んでしまう飼い主は多く、初対面にも関わらず、体にがんができたから安楽死をしてほしい、と求められることがある。しかし、根治できるがんも存在するため、がんの正確な診断（がんの種類やがんの進行ステージ）が望ましい。十分にその動物の健康状態を把握できておらず、がんの診断についての情報が不十分な場合、その死期が迫っているかどうかがわからないため、獣医師として安楽死を受け入れることが難しい。

　獣医師は動物の死に数多く対面しており、一般の人より慣れているのは否めない。しかし安楽死が心苦しくない獣医師は存在しない。獣医師としても安楽死はなるべく納得して実施したいと考えている。上述した末期の動物のけいれん発作や呼吸困難に対しても、緩和的な治療（抗てんかん薬や酸素室の使用など）が可能である。個人的には飼い主のできる範囲で動物へ苦痛を取り除くサポートを施して

あげてほしいと考えている。そして、動物病院関係者と飼い主と動物との三者が協力して闘病した先にこそ、それぞれが納得できる安楽死が存在する。

　動物の場合、死期が迫っているわけではないが、苦痛を伴っているということで安楽死を求められる事がある。具体的なシチュエーションとしては以下のようなものがあげられる。

> ・水頭症などの先天的な奇形
> ・脊髄疾患（ヘルニアなど）による後肢や四肢の麻痺

これらは命には関わらないが、動物が不自由を感じていて、飼い主の介護が必須な状況である。水頭症では日々の投薬が必要で、重度の場合は食事や飲水の介助が必要である。突然起こるけいれん発作も精神的に負担が大きい。後躯麻痺では排泄の介助に加え、足先の外傷などが問題となる。介護生活に限界を感じたり、動物の苦痛に耐えられなくなったり、今後一緒に生活していくことが難しい場合、安楽死を希望することがある。

　さらに、以下に示したような問題行動が原因で安楽死を望まれることがある。

> ・高齢の犬の認知症による夜鳴き
> ・飼い主への攻撃行動

前出のイギリスの報告では、問題行動による安楽死は7.3％と安楽死の理由の上位であった。夜鳴きをする動物が苦痛を感じているかどうかは不明である。しかし飼い主にとって、ペットが苦痛を感じていると思えばそれを否定する根拠はない。安楽死を適応するか否かに関して明確な指標はなく、獣医師や飼い主各々の判断に委ねられている。攻撃行動に関しては、原因を探し出し排除すること、必要に応じて薬物療法などが施される。しかし、一般的な獣医師に簡単に治療できるものではない。近年では行動

学の専門家も増えてきており、専門医外来を提供する動物病院も散見されるようになった。安楽死という選択肢の前に、このような専門家の意見を聞くことをおすすめする。

（4）安楽死の提示

　安楽死という選択肢が頭に浮かんだとき、他人にこのことを言うのは気が引ける、という飼い主は多いだろう。冷たい人間だと思われないだろうか、そんなことはよくない、と否定されないだろうか、と不安になってしまう。友人だけではなく、担当の獣医師や動物病院のスタッフに言うのも同様と思われる。しかし、これは獣医療関係者にとっても同じことで、飼い主に安楽死のことを提示するのは勇気がいることである。もちろん個人的な見解はあるにせよ、獣医療において安楽死は選択肢の一つとして認知されている。例えば、治療方法がなく、動物が苦痛を感じている状況で、飼い主の同意がある場合、84.9％が安楽死を実施すべきというアンケート結果が日本にもある。この現状を理解した上で、安楽死に対する相手の考えをなるべく早期に聞いておくことは大事だと考えている。実際に安楽死を検討するような終末期において、動物の状態は刻々と変化し、限られた時間で判断する必要があるうえ、飼い主が精神的に弱っている状態での冷静な判断は難しい。

　命に関わる疾患が診断された場合、獣医師から今後起こりうる動物の問題についての説明があるはずである。自分の子はそうならない、と希望を持つことは悪くないが、もしそうなった場合、安楽死はどのタイミングで行うべきだろうか？と自問してほしい。例えばフードを食べれなくなったら安楽死を考えるという飼い主や、けいれん発作を起こし始めたら安楽死を考えるという飼い主がいる。事前に獣医師とこのような話をしておくと、実際に病状が進行した際、お互いに安楽死についての相談がしやすくなる。表6 に安楽死を検討する兆候について示したので参考にしてほしい。

表6 安楽死を検討する兆候	
兆候	原因
呼吸が苦しい	肺転移、胸水貯留、疼痛
嘔吐が続く	胃腸障害、腎障害
ご飯を食べない	胃腸障害、腎障害、疼痛
落ち着いて寝ない	脳障害、疼痛、不安
排泄困難	腎障害、腫瘍による圧迫
けいれん発作	脳障害、腎障害、肝不全、低血糖

中には安楽死は避けたいと考えている飼い主もいるが、実際に動物が苦しんでいる姿を見ると安楽死を考えることもある。飼い主の出した結論に対して共感を示すことで、死後のペットロスの重篤化を防ぐことにもつながるため、飼い主の心の機微を感じ取った獣医師から再度安楽死が提示されることもある。

(5) 安楽死の実際の流れ

　動物病院で実施される安楽死は、薬剤を用いて、静脈注射により行うことが基本である。静脈注射を確実に行うため、静脈ルートの確保を行う。血管の中に留置針とよばれるチューブを挿入する必要がある。場合によっては毛刈りを求められることを理解していただきたい。使用される薬剤は、麻酔導入薬として知られるプロポフォール（白い液体）などである。呼吸を抑え意識を消失させる。動物の状態によっては、鎮静剤（抗不安薬）や鎮痛剤などを事前に投与し、苦痛を取り除く場合もある。呼吸が停止した後、心臓を確実に停止させるために、カリウム（黄色い液体）を追加で注入することがある。これは亡くなった動物にさらに薬を注入しているように見え、驚かれるかもしれないが一般的なことである。基本的に苦しむことはないが、目の前の動物に今何が行われているのか細かい説

第5章　動物との別れと動物病院

明は行わないという獣医師もいると思われる。これは呼吸を止めます、これは心臓を止めますという言葉が飼い主を傷つけるという危険性があるからである。立ち会いは飼い主にとって負担が大きいことだと思うが、個人的には動物の最期の姿を見届けてほしいと思っている。もしも立ち会うことが難しいと考える場合は事前に獣医師へ伝えてほしい。

安楽死は非常にデリケートな問題で、落ち着いた場所でゆっくりと実施してほしい。多くの動物病院は様々な業務が行われており、診察時間中では落ち着いた環境を整えることが難しい。当日

表7	安楽死に対するアンケート結果	
安楽死に満足している		92.2%
不満がある		
	立ち会いができなかった	2.2%
	対応が冷たく処置が早すぎた	1.7%
	手順に対する説明が足りない	1.7%
	スタッフの処置の不手際	0.6%
安楽死に対して望んでいること		
	実施の際に動物のそばにいたい	70%
	自宅で実施してほしい	33%
	実施する時間を選択したい	33%
	実施前に待合室で待ちたくない	28%
	会計を後日にしてほしい	15%
	実施後に獣医師と話す機会をもちたい	5%

Fernandez (2013) より改変

表8	安楽死を行う際の確認事項	
時間	日時、時間帯、当日希望して対応が可能か	
場所	どの部屋か、他の飼い主の目は届く場所か、往診による安楽死は可能か	
立ち会い	立ち会いが可能か	
手順	どのような手順で行われるか、所要時間	
方法	使用する薬品について（鎮静、意識の消失、呼吸停止、心停止などの役割）	
動物の変化	意識の有無、疼痛の有無	

急に安楽死を希望するよりは、事前の診察中に希望を伝え、可能であれば事前に予約された時間（例えば昼の休診時間など）に行うことが望ましい。ある報告では、ほとんどの飼い主（92.2%）は安楽死に満足している **表7**。しかし、さらに個人的な望みとしては、安楽死を行う際に同席したい（70%）、自宅で安楽死を実施してほしい（33%）、実施する時間を選択

したい（33%）、安楽死の前に待合室で待ちたくない（28%）と考えている。安楽死を行う場所として、周囲の目が気にならないような個室（カンファレンスルームや後述するエンゼルケアを実施できる部屋）を備える動物病院も存在する。さらに、往診による安楽死を実施する獣医療サービスでは、動物の最期を安心できる空間で迎え、家族が揃って見送ることができる。担当獣医師がそのような希望に沿ってくれるか相談するとよい。安楽死を決断した際に担当獣医師へ尋ねるべき内容を 表8 にまとめた。

自宅での安楽死

クララは消化管型リンパ腫を発症したスタンダードプードルです。抗がん剤治療を行ったものの、最終的には脳へ転移してしまいました。食欲の低下と、最終的にはけいれん発作を認めるようになりました。飼い主と相談のうえ、自宅にて安楽死を行うことになりました。このとき、ご家族だけではなく、クララのことをかわいがっているご近所の友人も集まってくれました。クララは安心する場所で、家族や友人に見守られて最期を迎えることができたと思っています。

投薬できる準備を行い、自宅にて発作を止めた後、安楽死の準備をしています。家族やお友達に見守られています。

多くの花や家族の写真に囲まれて見送られています。
飼い主より画像提供

4 動物との別れの際に動物病院スタッフができること

（1）一般的な処置

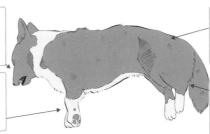

図3 | 死後の清拭

・顔周りや口腔内の汚れ（眼脂やよだれ、嘔吐物）を清拭する
・口や鼻に詰め物をする

・点滴の針などは全て取り除く
・止血を行い、血液などはきれいに拭き取る

・全身を清拭（必要に応じてシャンプー）する
・グルーミングして毛並みを整える

・尿と便を可能であれば排泄させる
・肛門や腟に詰め物をする

　動物病院で動物が亡くなってしまった場合、少しでも遺体を綺麗にしてから飼い主へお返ししている。動物は死に際に嘔吐物、排尿や糞便により汚れていることも多く、さらに体毛に覆われているため清拭は大変である。人では濡れたタオルで全身を拭けばよいが、動物だと（特に顔周りやお尻周りは）しっかりとシャンプーしないとなかなかきれいにできない。シャンプー後に乾かすことも時間がかかる。この際、静脈点滴を実施していたり、非経口栄養チューブを使用していたりする場合は、装着している医療器具を全て取り除く必要もある。さらに口や鼻、肛門などに綿花を詰め、お返ししたあとに遺体が汚れることを予防する。その後、動物病院によっては毛並みを整え、棺に収めたり、お花を添えたり、お線香を添えるなどの対応をしている。基本的に多くの飼い主は動物と一緒に自宅へ早く帰りたいと思っていることから、亡くなってからこの間にかける時間は長くて1時間程度であり、可能であれば30分以内に終わらせてあげたい。亡くなった動物の目が開いていることを気にする飼い主がいるため、テープで眼瞼を固定している措置を見かけることがある。死後眼が開くことは自然なことであり、眼が開いているから苦しんで亡くなったというわけではない。

見るのが苦しい場合、開いた眼は優しく閉じることができるし、顔を布で覆って隠すのもよい。

（2）エンゼルケア

　人の病院では、亡くなった後、エンゼルケアを施し、そのあとに遺体を輸送し葬儀の準備を行う。近年ではグリーフケアの一環として、遺族とともにエンゼルケアを行う施設もある。髪を整え、髭や産毛を剃るように、動物でも死後グルーミングの実施などは飼い主の気持ちを満たすサービスの一つとなる。動物は服を着ていないことがほとんどなので、身繕いとして服を着せることは多くない。服を着せたいという希望があればほとんどの場合は問題なく応えてくれるので、動物病院スタッフへ伝えてほしい。清拭や身繕いを飼い主と動物病院スタッフが一緒に行うこともよい試みといわれている。動物の最期の頑張りを認め合いながら一緒にケアを行うことで、気持ちの整理がつきやすくなる。

　このように動物病院において動物が亡くなる際、心を落ち着かせて最期の場面に立ち会い、心ゆくまで飼い主のケアをしてあげたいと動物病院スタッフは心がけている。しかし実際は、診察を待っている次の飼い主さんのことがどこか頭の片隅にあり、十分なケアができていないと実感している場合もあると思われる。動物を綺麗にすることのスペシャリストである動物看護師やグルーマー（トリマー）のうち、自宅でエンゼルケアを提供している人もいる。このように動物に関わる専門家と協力することも重要である。ペットに関わった人が集まってお別れができるような時間を設けることができれば、動物にとっても飼い主にとっても貴重な時間となる。

　動物との関係性は飼い主ごとにそれぞれであり、死生観も人それぞれである。大事なことは、動物病院スタッフのやってあげたい、やらないといけない、という気持ちを押し付けすぎないよう心がけながら、飼い主に寄り添う姿勢を大切にすることである。

エンゼルケア・グルーミングの実践

　最近ではエンゼルケア・グルーミングを提供する動物病院もあり、少しずつ認知されてきています。普段は動物病院にてグルーミングを提供しながら、亡くなった場合にも、飼い主の希望があれば洗体やカットを行います。一般的な動物病院とは異なり、より綺麗で可愛い状態で最期のお別れができるようにグルーマーが関わっています。また、最期まで頑張ったペットになにかしてあげたいという飼い主の気持ちに答えてあげることができます。

亡くなった後、動物病院のトリミング施設にて洗体を行っている様子
心臓が悪くしっかりとシャンプーすることができなかったので、最期はきれいにフワフワにしてあげたいという希望がありました。

　ハッピーちゃんは飼い主さんが初めて迎えたペットで、小さな頃からグルーミングを行っていました。心臓が悪くなってしまい、普段のグルーミングもなるべく短時間で簡易的なものを継続していました。ハッピーちゃんが亡くなってしまい、動物病院の待合に掲示しているエンゼルケア・グルーミングの紹介を見ていた飼い主さんから、依頼があり、グルーミングを行いました。ハッピーちゃんの毛髪を一部採取し、飼い主さんへお渡ししました。

お渡しした毛髪

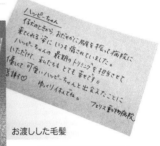

画像提供；伊佐美登里さん
（フェリス動物病院、グルーマー）

5　再び動物を飼うということ

　「先生、また飼っちゃった」と飼い主が来院することは、獣医師にとって非常に喜ばしいことである。動物が亡くなってしまった後、その飼い主が二度と動物を飼わないこともある。動物病院は、飼い主が動物を飼わ

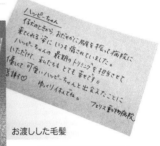

ない限り接点がなくなってしまう。新しく動物を飼わない場合、飼い主がその別れから立ち直っているのか、今元気にしているのか、知ることはできないことになる。本来、動物病院になんて来ないにこしたことはない。また来てほしい、なんて思わないほうがよいのかもしれない。しかし、飼い主がその別れから立ち直り、前に進もうと

▲ クララの飼い主さんは新しく二頭のスタンダードプードルと一緒に生活しています。

していると感じるとホッとする。もし、新しい子を家族として迎えた日が来た際は、笑顔で連れてきてほしい。飼い主が動物と一緒に過ごし、幸せになってくれることを、動物病院スタッフはいつも願っている。

参考文献

1) Fernandez-Mehler P et al. (2013), Veterinarians' role for pet owners facing pet loss. Vet Rec., 172 (21) : 555

2) Fletcher DJ et al. (2012), American College of Veterinary Medicine; Veterinary Emergency and Critical Care Society. RECOVER evidence and knowledge gap analysis on veterinary CPR. Part 7 : Clinical guidelines. J Vet Emerg Crit Care, 22 Suppl 1 : S102-131

3) George E et al. (2011), A Survey of Veterinarians in the US: Euthanasia and Other End-of-Life Issues, Anthrozoös, 24 : 167-174

4) 服部幸（2015）　ネコの看取りガイド　株式会社エクスナレッジ

5) Pegram C et al. (2021), Proportion and risk factors for death by euthanasia in dogs in the UK. Sci Rep., 11(1) : 9145

6) Sugita H and Irimajiri M (2016), A Survey of Veterinarians' Attitudes toward Euthanasia of Companion Animals in Japan. Anthrozoös; 29 : 297-310

7) Wingfield WE and Van Pelt DR (1992), Respiratory and cardiopulmonary arrest in dogs and cats: 265 cases (1986–1991). J. Am. Vet. Med. Assoc. 200 : 1993-1996

8) https://square.umin.ac.jp/endoflife/shiryo/pdf/shiryo03/04/312.pdf

シェルターメディスン

yap
yap

ペット大国といわれる日本のペットビジネス市場規模は1兆5,000億円を超えたとされている。しかし、2020年度においても8万頭を超える犬猫が保健所で保護されている現実がある。その多くが譲渡されているものの、ペットにとって住みやすい国であるかどうかは疑問が残る。この章では、情緒に支えられる動物愛護活動ではめざましい結果を残しつつも、管理を軸とした動物福祉の視点が不足している日本の現状を紹介する。また、日本が国際標準の動物福祉を実現していくために必要なシェルターメディスンについて言及する。

第6章

1 日本での「殺処分ゼロ」活動

(1) 保健所の誇れる業績

　日本では、保健所が民間団体と力を合わせることで、世界でも例がないほどのスピードで殺処分数を減少させている。それに併せて、保健所の機能は動物を助けるための役割を担う施設になっている。そこには、「人と動物が幸せに暮らす社会の実現プロジェクト」が立ち上げられ（2014年、環境省）、保健所や動物愛護管理センター等（以下、動物愛護センター）などが「最終的には殺処分ゼロにすることを目指す」としたことが背景にある。実際に、「殺処分ゼロ」を達成したと宣言する自治体も増えている。

行政による「殺処分ゼロ」の実情

東京都知事が「東京オリンピックが開催される2020年までに殺処分ゼロを達成する」と宣言し、2018年度に達成したかのような発表をしています。ところが、東京都の基準（動物の福祉等の観点から行った殺処分を除いた数字）での達成という裏技による達成だったのです。実は、国の基準でみるとその年に146頭の犬猫を処分（病死等を含む）しています。また、茨城県は2016年に条例で行政として殺処分を行わないことを決定しました。その結果、2018年度の「殺処分数ゼロ達成」を発表しましたが、その影で譲渡に不向きの犬猫（病死等を含む）として合計446頭もの犬猫を処分しているのです。「言葉の解釈」でグレーのポスターを美しく塗り直すような自治体の見せかけの謳い文句「殺処分ゼロ」が虚しさを感じさせます。

日本の犬の殺処分数は2004年の約156,000頭から2019年の約5,600頭へと15年間でおよそ30分の1になっている。その背景には「殺処分ゼロ」を掲げた民間団体による動物愛護活動がある。猫の殺処分数も2004年の239,000頭から2019年の約27,000頭へと15年間でおよそ9分の1に減らしている **図1** 。その数が多いか否かの議論は別として、保健所などでの取り組みにより動物たちの生命が救われてきたという事実は誇れるものがある。

（2）殺処分減少の裏側

図1 に示した殺処分数減少の裏側では、処分を阻止するために愛護団体が保護している大量の犬猫たちがいる。そして、愛護団体の協力のもと、見た目の「殺処分減少」を目指す行政の姿勢にも問題がある。

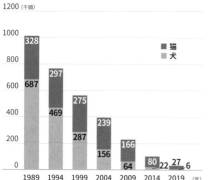

図1

犬猫殺処分数の推移

参考：環境省データ

「殺処分ゼロ」という宣言の影

　行政が「殺処分ゼロ」宣言をしてしまうと、「解釈により操作した数」を発表することになってしまいます。このような行政のパフォーマンスにより社会問題としての解決は困難になってしまいます。本来、殺処分は図に表すように①～③に分類されています。しかし、行政は②を達成しただけで「殺処分ゼロ」宣言しているのです。

殺処分の分類

① **譲渡することが適切でない**
　（治癒の見込みがない病気や攻撃性がある等）
② **①以外の殺処分**
　（譲渡先の確保や適切な飼養管理が困難）
③ **引取後に死亡**

　行政が率先して「殺処分の定義」を変えた数字を発表する背景に、私たちが情緒的に殺処分を捉えてしまう問題があります。行政は国（環境省）の基準である①～③の結果すべて併せて発表すべきですし、「殺処分ゼロありき」ではなく、「殺処分ゼロ」は取り組んだ結果の数として誇るものにしなければならないはずです（事実として殺処分しているのですから）。

　残念ながら、選挙公約で有権者にこびを売るような「殺処分ゼロ」宣言により、それを達成せざるをえない自治体が増えています。行政による実数をごまかした発信は、国民の意識をミスリードするので好ましくありません。動物福祉を守れない国からの脱却が遠のいてしまいます。

　実際には、「殺処分ゼロ宣言」をした行政は著しく処分頭数を減らしており、その事実を伝えることこそが重要なのに、なぜ、そうしないのでしょうか？

　動物愛護管理法の改正により、保健所の引き取り拒否が可能になったことで、保健所は意図的に動物の受け入れ数を減らすことができるようになり、保護すべき動物が愛護団体へ集まる仕組みがつくられている。

　大規模なペットショップでは、動物が大量に仕入れられ販売されている。また、動物の成長期における飼育は、その年齢に合わせた管理が求められるため、通常は、手間がかかる分だけ成長に従い値段が高くならなければならない。しかし、見た目の可愛さで販売戦略を立てるペットショップで

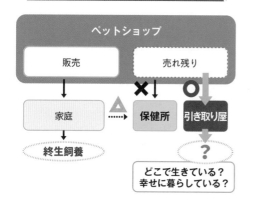

図2

ペットショップの動物たちの行き先

は、動物たちの成長に伴い商品価値がすぐに低下していく。

薄利多売による経営を軸としたペットショップの「売れ残り（在庫整理）」や悪質なブリーダーが飼育する「稼がない動物」の最後の行き先であった保健所を失い、「引き取り屋」とよばれる業者に引き渡される構図が

あることも指摘されている。「引き取り屋」に渡った動物たちが幸せに暮らしているのか、どこかに閉じ込められているのか、どこかで生きているのか、それらの情報はない。そして、ペットショップが渡した動物たちがどのようになっているのか責任を持って追跡することなどあるはずがない。行政が把握しているよりもずっと多くの動物たちが知らないところで無残に処分されている可能性は否定できない 図2 。

日本のような大型の流通販売システムは、他の先進国には存在しない。できる限り、動物の福祉を十分に守りながら経済活動が実践され、また、動物の生態を理解したうえで購入しなければならないよう規制を徹底することが望まれるが、現時点で行政や動物の専門家が取り組めることは限られる。ペットがたくさんいる国から幸せに暮らせる国へ変わっていくために、まずは安易に飼育を始めないよう、ペット飼育者としての意識を変革してもらう必要がある。

（3）動物愛護団体の現状

民間の動物愛護団体においては、「殺処分ゼロ」を謳わなければ寄付金が集まらない事情があり、かなり無理して保護犬たちを飼育しているケースもある。例えば、大規模な団体では、人手が足りず、必要な散歩やグルー

犬税の有効性

　ドイツには「犬税」がありますが、これは日本に導入したい制度です。税金をかけることで、動物の飼育者は必ず「登録」が必要になりますし、むやみに繁殖できなくなります。税額は犬の場合、これまでの登録料と同額くらいでよいでしょう。これまでと家庭の負担は変わらず、登録しなければ「脱税」となります。また、この制度により、動物の飼養責任者の所在が明らかになります。当然、「引取り屋」は存在できなくなります。

　現在の日本の制度では、誰でも動物を気軽に手に入れられるし、捨てることができます。しかし、税がかかると飼育や遺棄が簡単にはできません。納税義務を伴う手続きは、飼育を始める際のハードルを高くしてくれます。また、これまで悪質な多頭飼育やブリーダーを検挙する根拠が「動物愛護管理法」しかありませんでした。しかし、犬税が導入されれば「脱税」での検挙が可能になります。

　得られた税金は、補助金として動物愛護団体への活動資金にすることが可能となります。動物とのより豊かな共生社会を実現していくためにも検討いただきたいものです。

ミングがおろそかになったり、咬みつきや極度の不安のある犬などの世話ができていなかったりしている。また、支援者自身が自宅で保護動物を限界まで抱えている多頭飼育状態で、二次預かりのボランティア*1 に譲渡会までの飼育を依頼している状況が日本全国で起こっている。ときに劣悪になりがちな動物愛護団体に引き渡された後の環境で、動物福祉が守られているか懸念される。

---

*1 二次預かりのボランティア：一般に「預かりボランティア」とよばれています。動物愛護団体の活動を応援してくれる貴重な存在で、比較的譲渡しやすい動物を中心に世話をお願いしています。この支援を否定はできませんが、「終生飼養*²」を前提としない動物愛護団体が「つなぎ」として社会的役割を果たしている中で、さらに、「終生飼養」を前提としないボランティアに預ける"危うさ"があるように思います。行政がこのような状況に頼り過ぎているため、日本全国の譲渡数や保護されている数が把握できなくなっている事実もあります。

「動物愛護」と「動物福祉」の違い

　「動物愛護」と「動物福祉」の違いを一言で定義するのは難しいのですが、おおよそ文化的な背景から違いを知ることができるように思います。

　「動物愛護」は日本独特の視点です。背景には、八百万の神の道徳的な理念（万物に神は宿り大切にしなければならない）があり、情緒的な思いに支持されています。一方、動物は神が人に与えし生き物という視点から、人が動物を管理する責務があるとする中で生まれたのが「動物福祉」という考え方です。

　いずれにしろ、動物は適正に管理することが求められています。しかし、「動物愛護」では"生かすこと"を重視するあまりに"飼養管理"がおろそかになってしまい、「動物福祉」が守られていない状況が批判されているのです。

　加えて、本来、安楽死することが望ましい動物すらも、動物愛護団体が保健所から死ぬ直前に引き出して看取っているケースがある。これは、「動物福祉」よりも「殺処分ゼロ」を優先してしまっている。

　また、「殺処分ゼロ」を実践しているなかで、月単位、年単位で見ると譲渡数よりも保護する数の方が多くなることは当然あり得る。しかし、それが当たり前になると、「殺処分ゼロ」を達成させるために、より規模の大きな動物収容施設を必要とするようになる。だが、大規模施設が完成し、収容頭数が増えてしまうと、人手不足が深刻化する事態に陥ってしまう。結果として、動物の福祉が守られていない民間のシェルターが全国に増えていくことになる。

　一部の犬猫は譲渡され幸せになっていく一方で、譲渡につながることができない動物は生きているものの、十分なケアが施されず幸せな状態にあるとは言い難い。収容数が過剰になると、スタッフは譲渡に向けた時間を作ることができず、さらに収容数を増やしていくことになり悪循環を生じてしまう。

　民間団体の努力と一般市民の寄付により、我が国では何万という動物の生命を救ってきたことは間違いない。そこで活動する人たちは懸命な思い

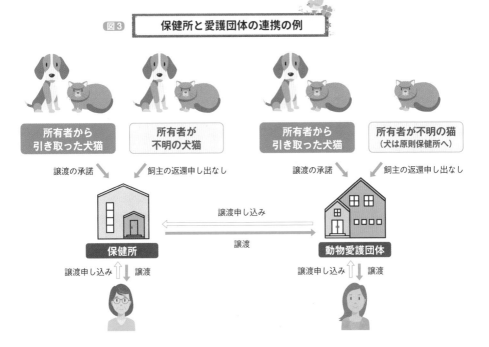

図3　保健所と愛護団体の連携の例

所有者から
引き取った犬猫

所有者が
不明の犬猫

所有者から
引き取った犬猫

所有者が不明の猫
（犬は原則保健所へ）

譲渡の承諾　　　飼主の返還申し出なし　　　譲渡の承諾　　　飼主の返還申し出なし

譲渡申し込み

譲渡

保健所　　　　　　　　　　　　　　動物愛護団体

譲渡申し込み　　譲渡　　　　　　　　　　譲渡申し込み　　譲渡

で1頭1頭を救おうと努力しているのは事実である。今日も、全国で小さな生命を守るために試行錯誤が繰り返されているはずである。このような活動は決して否定してはならない。だが、このような「何がなんでも殺さない」という理念に支えられる動物愛護活動には限界があり、動物福祉を重視するステップに進む視点も持っていたい。

（4）保健所と動物愛護センター

　保健所は地域保健法にもとづき都道府県や政令指定都市、中核都市などに設置されている。地域住民の疾病予防や快適な暮らしを推進するなど、保健・衛生・生活環境等に関する幅広いサービスを実施する行政機関である。犬を捕獲し処分するのは、狂犬病予防法を根拠としており、地域住民を致死率の高い感染症から守るための行政サービスである。

　近年、保健所は動物愛護団体と連携し、殺処分をできる限りゼロに近づけようと努力している。残念ながら、その体制が整っていない地域もある

図4

動物愛護センターとの連携の例

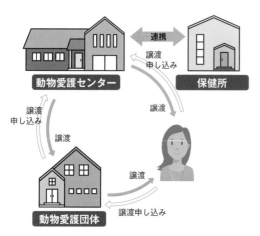

が（その多くが野犬を捕獲している地域で"譲渡や適正飼養管理が困難"と判断しており努力していないわけではない）、これまでに、保健所は多くの犬猫の生命を助けることに尽力してきた 図3 。

また、動物愛護センターが全国につくられており、運営されている。動物愛護センターでは、持ち込まれたり保健所から移送されてきたりした動物たちを一定期間保護しながら、動物愛護の推進（譲渡会やしつけ教室、イベントなど）を行っている動物保護施設である。施設で働く人数と飼育頭数には限界があり、動物たちをやむなく殺処分する施設でもある*2。当然、この施設も動物愛護団体と協力しながら、動物たちの命を救う取り組みがある 図4 。このようなシステムがつくられていった背景には、動物たちの命を簡単に奪ってはいけないという市民や動物愛護団体の働きかけがあるのは言うまでもない。

（5）保護動物たちはどこから来るのか
保護動物（犬）

　犬が保護されるルートはいくつかあるが、都会では家庭で飼えなくなって持ち込まれるケースが多い。引越しや離婚、入院、親の介護、飼育者の高齢化などの"飼い主の事情"から手放す場合、それと、動物の疾患や高

---

*2 保健所と殺処分：動物愛護センターがない地域や都市では、殺処分を保健所で実施している場合もあります。

齢化、問題行動などに対応できず"動物が理由"で捨てる場合がある 。その他にも、迷子犬の捕獲や病気で治療費が支払えない動物が持ち込まれることもある。

保護される犬のほとんどが野犬という地域もある。野犬は、人の暮らしに関わったことがない犬と定義できる 。例えば、山で捨てられた親犬が子どもを産み、それらが成長したら野犬となる。野犬が餌付けされ野良犬となり、民家のそばで子犬を産むケースがあるが、その子犬たちが保健所などに保護されていく。

動物を放棄する理由

飼育者の要因

引越し・転職・結婚・離婚・病気・介護・高齢化・アレルギー・経済的困窮 など

動物の要因

問題行動・病気・高齢化・多頭飼育崩壊・予想以上に大きくなった など

犬の呼び名の定義

ペット	かわいがる対象としての動物
コンパニオンドッグ	家族(伴侶)としての犬
野良犬	人と接点がある犬
野犬	人と接点がない犬、野良犬の2世
保護犬	保健所などで保護された犬

地方では環境にもよるが、無責任な餌付けをしている"餌やりさん"により繁殖能力が維持されている野良犬の子どもが持ち込まれるケースが多い。ただ、餌付けをしている人たちは、妊娠出産の状況もよく理解しており、その情報で母乳が不要になった頃を見計らって子犬の捕獲に動いている団体もある。保護された子犬の譲渡は比較的うまくいく。しかし、捕獲ができず人に対する社会化がないままに育った成犬が捕獲されたケースでは、その馴致(慣れさせること)が難しく殺処分の対象となってしまう。

餌やりという行為さえなくなれば、殺処分されている保護犬の母数が大きく減ることは間違いない。無責任な餌付け行為は肯定できるものではなく、行政により"むやみな餌やり"が禁止されている地域もある。

近年、アニマルホーディング(多頭飼育崩壊)やパピーミル(子犬生産工場)の崩壊などによる保護も増えてきている。これらは社会問題として

捉えることも可能であり、特にアニマルホーディングの場合は、飼育者を福祉の対象（認知の衰えや精神疾患を有する人）として見なければならないケースも存在する。

保護動物（猫）

　子猫の声が聞こえたら、男性であっても母性本能を呼び起こさせられ探してしまう。こうして愛らしい子猫は優しい人に拾われ、ときに、保健所に持ち込まれてしまう。しかし、生後4週間くらいは授乳が必要であり、初期の2週間くらいは3〜4時間ごとに哺乳させる必要がある。つまり、保健所職員の業務として困難な動物が運び込まれることになる。残念ながら、授乳期の子猫の保護ボランティア（ミルクボランティア）が存在しない場合、持ち込まれた日に殺処分している行政は少なくない。これは単純に残酷なことではなく、苦しむ時間を排除するための処置と考えなければならない。

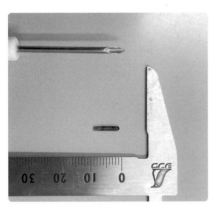

▲ 写真1 **マイクロチップ**
2mm×8mm ほどの大きさで、犬猫は左肩甲骨の頸部の皮下に挿入する。

　残念ながら、無責任に外猫に餌付けする愛護活動は動物虐待であり、殺処分の温床をつくりだしている。それを説明されても、餌やり行動をやめない人は存在する。餌付けは、猫の群れを形成しやすくし交流を密にする。餌を探す時間を失い、栄養十分な猫は交配する機会が増えることになる。間違った動物愛護意識は殺処分を増やしていく。

　猫の数を効率よく減らす方法に地域猫活動[*3]があり、そこでも実践されている TNR[*4] や TVHR[*5] が推奨されている。狂犬病予防法で規制を

授乳期の子猫は拾わないで！

　目も開いていない小さな子猫がよく保健所に持ち込まれます。善意による行為であり、責めることはできません。施設職員が笑顔で対応してくれるケースもあると思われます。しかし、その多くは、親猫が食餌に出かけているか、気配を察知して逃げている状況で保護していると考えられます。

　戻って来たときに子猫はいなくなっており、親猫は探し回ることになるでしょう。しかし、見つかることはなく、残念ながら保健所（動物愛護センター）で殺処分されてしまうことになるのです。本来、そこに笑顔が入る隙はなく、大きなため息を隠すための施設職員の葛藤が表情に表れているのです。

　可能ならば保護をしないで、親猫のために餌を与え、貼り紙をして「見守る」ことを優先してほしい。固形の食事ができるようになった頃に親から取り上げ（生後３週齢以降）、自らの手で保護しつつ貰い手を探してほしい。そうすることで、子猫たちの人生をリセットすることが可能になるのです。

受ける犬と違い、猫は不妊処置をして元の場所に戻すことが可能である。餌やりに固執している人たちも猫の幸福を望んでおり、意外にも不妊手術には協力的である。不妊処置の際、外見で手術の有無がわかるように耳カットや入れ墨、ときにはマイクロチップ　写真1 が処置されている。

　都会でも田舎でも、餌付けによる繁殖と善意による持ち込みの結果とし

---

*3 地域猫活動：地域猫活動は横浜市から始まった、「猫の問題」を地域で解決しようとする試みです。活動の内容は、①猫への餌やり、②不妊去勢手術、③地域への理解啓発、④その他（掃除や苦情対応など）があります。単なる餌やりではなく、捕獲し、手術によって一代限りの命とすることで無理なく数を減らすことができます（野良猫の寿命は飼い猫の３分の１程度）。以前は市区町村の支援で取り組まれていましたが、現在は九州を中心に県での取り組みが始まっています。

*4 TNR（Trap- Neuter-Return）：TNR とは、捕獲器などで野良猫を捕獲（Trap）して、不妊去勢手術（Neuter）を施して、元の場所に戻す（Return）ことです。望まれない出産をなくし、殺処分数を減らすのにもっとも有効な手段と考えられています。

*5 TVHR（Trap-Vasectomy or Hysterectomy-Return）：TVHR とは、野良猫に精管切除／子宮摘出手術を施して元の場所に戻すことです。精管を切除するだけなので性ホルモンの分泌は変わらず、未避妊猫との交尾行動が生じます。未避妊猫は偽妊娠となり交尾機会が減少することになるので TNR よりも有効とされています。しかし、繁殖期独特の鳴き声やケンカ、マーキングなどの問題は維持されてしまう問題点もあります。

地域猫活動と餌やりさん

　東京都荒川区の大きな公園で、野良猫が増えているために地域猫活動が始まりました。ルールに基づいた活動（餌やりや清掃活動、不妊手術）が実践されている一方で、個人的に塩分濃度が高いカニカマを食べさせている女性がいました。

　私は時間をかけて気軽に話せる知り合いとなり、猫の話をたくさんしてきました。ある日、総合栄養食（カリカリ）を食べさせているから「カニカマは止めませんか？」と声をかけました。すると、残念なことに嫌われしまい、しばらく口をきいてくれなくなりました。

　その女性は、「おいしいものを食べて死ぬならそれで良い」「病気になっても飼い主ではない自分に責任はない」「誰にも迷惑をかけていない」と言っていました。

　時間を置いたある日、猫用のおやつをプレゼントし、「猫たちの特徴や性格を教えて欲しい」と仲直りをしました。その後、活動への理解を促し、不妊去勢のための捕獲にも協力してもらうことになりました。2年後に猫は適正に減り、女性も地域猫活動のメンバーとなって猫の世話をしてくれるようになりました。

て殺処分される子猫は非常に多く、猫の処分数の9割を超えているとされてきた。現在は、猫のミルクボランティアの活躍により、殺処分数は著しい減少傾向にある。

2　譲渡につなげるための犬・猫の管理

（1）「殺処分ゼロ」活動と「譲渡率」を意識した活動
目指すのは「譲渡率向上」

　保護動物を譲渡につなげることはシェルター（動物保護施設）におけるもっとも重要な業務のひとつといえる。条件が変わらないのであれば、常識として1頭の譲渡が決まることで新しい1頭の命を受け入れることが可能となる。理想としては年間に保護した数と譲渡した数が同じであることを目標としていく。つまり、譲渡率100％が理想の数値となる。

　「殺処分ゼロ」ありきで無制限に保護していては動物の福祉が守れない

ことは容易に理解できる。年間100頭を保護して80頭を譲渡するなら20頭増えてしまう。スタッフや飼育環境が変わらない中で、毎年のように無理のある「殺処分ゼロ」を達成していくと、保護された動物たちがどのような状況になっていくか想像しやすい。年数が進むと介護や

表3	活動目標の違い		
		殺処分ゼロ ありきの活動	譲渡率向上が 目標の活動
目標		殺処分ゼロ	譲渡率100％
飼育頭数		無制限全頭飼育	選抜飼育
スタッフ数		慢性的に不足	充足している
譲渡数		低い団体も存在	原則高い
安楽死		否定	肯定
災害時		対応困難	対応可能
科学的根拠		重視しない	重視する
情緒的感情		重視する	重視する
活動根拠		動物愛護	動物福祉

治療が必要な動物も出てくる。適正な飼養管理を実施するには、適正な頭数に制限することが求められる。ポイントとして、まずは譲渡率向上を目指すことが重要であり、その結果として「殺処分ゼロ」への取り組みがなければならない。それが世界標準であり、動物福祉が守られていない日本の保護動物の飼養管理の状況を変化させる必要がある＊6。

譲渡率向上と安楽死への向き合い方

　譲渡率を高めるために必要なことはいくつかある。まずは、スタッフ数

＊6 日本の「譲渡率」：施設に保護された動物が、譲渡、飼い主への返還、他の施設へ移動した割合を「存命出所率（ライフリリース率）」と言い、おおまかに言うと「譲渡率」と表現できます。この値は、生きて出所した個体の数を総数（安楽死した頭数を含む数）で割った値で求められます。例えば、現在のロサンゼルスの公共シェルターの譲渡率は90％であり、全米平均は79％と報告されています（第12回WJVF西山獣医師講演資料）。2020年の日本の譲渡率は62％で米国と比較して低いことがわかります。ここに動物愛護団体に持ち込まれた数は報告されておらず、実態の数値はわかりません。しかし、「譲渡率」を上げていく努力が必要であることが理解できます。

日本の譲渡率（ライフリリース率）

	入所数	存命出所数	殺処分数	譲渡率 ライフリリース率
成犬	26,751	22,570	4,584	84％
幼犬	5,804	4,556	1,051	78％
成猫	17,565	9,440	8,932	54％
幼猫	35,777	16,501	18,176	46％
全体	85,897	53,067	32,743	62％

表4 **安楽死処置を検討する際の指標**

○ 譲渡は可能か（社会化はできそうか）
○ 治療費がかかるのか（誰が負担するのか）
○ 治療の予後はどうか（誰が介護するのか）
○ 年齢はどうか（高齢だと譲渡が決まりにくい）
○ 幸せになる譲渡先は見つかるか
× 空きスペースがあるか（指標にはならない）

に見合うだけの頭数しか受け入れないことである。動物福祉の向上は、動物を管理できる場所の数ではなく、1頭あたりにかけることができる時間で決めていかなければならない。そのため、ときに生命に優先順位をつけなければならないケースが出てきてしまう。つまり、安楽死のケースが生まれることになる。安楽死が現実的な問題として示されることで、社会として動物たちの生命を大切にしなければならないという意識の高まりが生まれることになる[*7]。

命の選別をする際、譲渡可能なのか、治療費がかかるのか、年齢はどうか、治療の予後はどうか、幸せに生活できる譲渡先があるのかなどを問う必要がある 表4 。ここでは、収容する空きスペースがあるか否かで判断することがあってはならない。しっかりとした基準を設け、基準を公開することで広く意見を求め、獣医学や動物福祉学的視点から意見を受け入れる中で安楽死を決定していくことになる。この基準を明確にしなかったり公開しなかったりしては、他の深刻な問題が生まれてくる。

[*7] 米国におけるシェルターでの受け入れと保護動物に対する姿勢：米国ではシェルターメディスン（後述）という「譲渡率」を重視した取り組みが進んでいます。保護動物を原則として全頭受け入れていく一方で、譲渡可能な動物（若い・慢性疾患がない・性格が良い、など）から優先的に不妊手術を実施するなどして、譲渡環境を整えていきます。長期収容状態になる動物は安楽死の対象となるか、そういう動物を特別に保護しているホストが付いている施設などへと送ることになります。日本では、保健所の「引取り拒否」により、犬猫が動物愛護団体にそのまま運ばれていくケースがあります。つまり、環境省の数値にカウントされないため、保護動物の数の実態を掴むことができていない状況です。また、「引取り拒否」により、ショップの在庫処分の動物たちが遺棄されているケースも生じてしまいます。ときには都合（貧困や病気など）で動物を手放さなければならない深刻なケースもあり、米国の対応を参考に、日本の保健所での「引取り拒否」施策が正しいものなのか再考する必要があるのではないでしょうか。

安楽死に対しては、情緒的な問題が必ず生じる。それを排除し、機械的に生命の選別をすることは好ましくない。しかし、死ぬまで生かしている「看取りまでの保護」状態にある動物が存在するなど、動物福祉を軽く見ている現状から抜け出す必要もある。そのために必要なのが「譲渡率の向上」を目標とする視点である。

そもそも、死ぬまで

動物愛護活動のこれから

近年の殺処分数を平成元年の30分の1に減らしたのは、獣医師や農林水産省の役人、政治家などではなく、愛犬家や動物の存在（命）を大切にする人たちです。これは間違いではないでしょう。地道な取り組みから始まり、今では、裕福な人が動物の命を守ろうとする人たちに寄付をして活動を支えている構図も生まれています。しかし、そうして発展した「殺処分ゼロ」活動の結果は、国際的な視点では動物福祉が守られていない状態だと指摘されています。

命があることにこだわるだけでなく、科学的な視点も入れながら、国際的に通用する動物愛護活動に変化していくことが望まれます。これまでの「殺処分ゼロ」を掲げる動物愛護活動により、世界に誇れる動物福祉の基盤はすでに日本に根付いています。どうすれば世界をリードする動物福祉の国になれるのか考えていきたいものです。

閉じ込められ亡くなっていく動物への餌代が税金や寄付で賄われている状況が、本当に正しいことなのか考えていく必要がある。貴重な資金は、「動物を生かすため」ではなく、「動物たちが幸せになるため」に使われていくことが望ましいという意見は間違いなく存在する。

（2）日本の文化と動物観

キリスト教では、人も動物も神の創造物に変わりはないが、人は動物を支配する立場にあるとされた。その解釈の中で、近代では適切に管理すべき存在と捉えられている。一方、日本の神道には八百万（やおよろず）の神（かみ）思想があり、古来より多くの自然に神が宿っていると考えられてきた。さらに、仏教的思想が相まって、自然物を畏（おそ）れ敬（うやま）い、動物たちは大切にされてきた。

▲ 写真2 お稲荷様

▲ 写真3 狛犬様

世界中で、動物に対して畏敬の念を持ち、神と称えたり、神の使いとして崇めたりした。これらは「アニミズム*8」とよばれている。特に、多神教の国々では、多くの動物が神様として祀られている。日本ではお稲荷様として狐や想像上の動物である狛犬様などが祀られている。

ある面で人よりも優れた能力を持つ動物に畏敬の念を持つ一方で、恐怖や不吉な存在として忌み嫌われる対象にもなった。これらの文化が動物愛護活動に影響を与えているとも考えられる。日本には動物を経済活動の道具や玩具のように扱う人がいる一方で、過度な擬人化（「人と動物の命の価値は同じ」といった考え）による間違った愛護運動に没頭する人まで存在する。

（3）保護犬を家庭犬に

本来、犬は薄明薄暮性（明け方と夕方に活発）であるため、夜間も多くの時間を寝て過ごす。また、犬は1日のうち半分以上を寝て暮らし、野犬などは環境によっては16時間以上寝て過ごしている。餌を探している時以外に、余計なエネルギーを使わない習性になっている。寝床は、安全

---

*8 アニミズム：アミニズムは、原始宗教の神秘的信仰形態のひとつです。自然界のあらゆるものに（無生物にも）固有の霊魂があるとしています。自然界のあらゆるものに生命活力があるとするアニマティズムから始まっています。つまり、生活の中での諸現象は、それらの意志や働きによるものであると信仰の対象とし、供物を捧げ、礼拝する風習が根付いたのです。

で雨風が凌げる狭い洞穴などを活用し、テリトリーを主張するため、棲み家から少し離れた場所に排泄場所を決めている。決して、寝床の鼻先に排泄することはない。では、犬を家庭で飼育する時のベースとして、どこに気を付けるとよいだろうか。

まず、クレートなど狭い空間が落ち着いて過ごせる寝床となる。クレートの入り口から少し離れた場所にトイレを設置し、寝床とトイレの

犬の特徴と保護犬

犬の特徴
・薄明薄暮性
・12時間以上寝て過ごせる
・安心して寝る場所が必要
・トイレは離れた場所にする
・間違った飼育で問題行動が出現

保護犬の特徴
・行動の背景に不安がある
・信頼関係を結ぶと飼育しやすい
・野良犬は日常生活で吠えない
・野良犬は意外と飼育しやすい

周囲をサークルなどで囲って生活空間（ハウス）をつくることで、人の社会の中で暮らすためのベースを提供することができる（第6章2（3）参照）。このような環境で、人が構いすぎず、十分に寝て過ごさせるのが犬の習性に見合った飼育方法となる。こうすることで、精神的に落ち着き、問題行動を起こしにくい飼養管理が可能な環境になる。単純に、愛玩動物として飼育されている犬を野生の習性にあてはめて論じてはならないが環境づくりは大切である。シェルターでの環境整備は困難な場合が多いが、できるだけ居住場所とトイレを分けるなどの工夫をしてほしい。

保護犬は、人に対する社会性が乏しかったり間違った学習をしていたりするケースが多いので、おびえる行動または攻撃行動を取りやすくなる。それらの行動の共通した心的背景にあるのは不安と恐怖である。これらを払拭するよう適正に交流し、信頼関係を築くことができると、子犬の時から不適応行動を繰り返してきた犬よりも保護犬の方が育てやすい場合もある。特に、餌付けされてきた野良犬ではトイレのしつけが簡単であり、人に対する要求や注目獲得のための吠えが存在しないので一緒に暮らしやすい側面もある。

（4）譲渡の際の注意点

　譲渡の際、必ず求められるのが「終生飼養*9」である。どのような状態になっても責任をもって最期の看取りまで飼育することを飼い主の義務にしている。

　動物愛護団体の中には、仮契約の際、家まで訪問して飼育環境に問題ないか確認しているケースもある。小物などが床にちらかっている場合、玄関の横にケージが置いてあり逃走の危険性がある場合、同居動物との関係が築けない場合などは譲渡が見送られることにもなる。動物たちに二度目の不幸が起こらないよう配慮されているが、その点を十分に理解して譲渡を引き受ける必要がある。

犬の譲渡の注意点

　犬の譲渡では、飼い主の年齢や居住環境と犬の大きさは重要な要素となる。大きな犬が好きだからといっても、狭い居住空間での飼育は双方にストレスをもたらすことになる。また、高齢者が大きな犬や運動量を必要とする犬を飼育すると引っ張りによる転倒につながり、それが飼育放棄のきっかけになってしまう危険性がある。ときに、散歩が無理だと判断されると庭に係留されっぱなしになってしまうこともあり、それは逃走の危険性もはらんでいる。

　また、譲渡会などで野良犬の子どもを引き取る場合、どれほど大きくなるか分からないので慎重に選択しなければならない。「目が合った」「運命を感じた」と衝動的に選んではいけない。そして、無料で譲渡された犬でも病気になれば、高価な犬と同じ額の治療費が発生することも意識しておきたい。

---

*9　終生飼養：終生飼養とは、飼育している動物が寿命を迎えるまで適切に飼育することです。2013 年に改定された「動物の愛護及び管理に関する法律」から謳われていて、2019 年の改定でもその理念は引き継がれています。

図6 　散歩を優先しない理由

譲渡犬の散歩のメリット
・運動、気分転換になる
・社会化のため
・飼い主を独り占めできる

散歩を優先しないケース
・不安でストレスがかかる
・屋内で運動が足りている
・脱走の危険性がある
・他の犬に迷惑をかける

　譲渡された犬の首輪が抜けて逃走するケースは頻繁に生じている。それは、犬を散歩させなければかわいそうという気持ちからきていることもある。理解できることだが、環境に馴れていなかったり、首輪やリードに馴れていなかったりする時期には、散歩より優先させなければならないトレーニングがある。きつく絞めるのはかわいそうと緩めの首輪で散歩に出かけ、引っ張られて脱走するケースが多いことは知っておきたい。ハーネスも片足が抜けると簡単に外れてしまうので安心できるものではない。脱走は工夫により防ぐことができるので、しっかりと考え対策を講じる必要がある。

　そもそも散歩は、トイレ（マーキング）をさせることが主な目的ではなく、飼い主との時間を楽しむものにしなければならない 図6 。だが、譲渡の際、そこまで注意を促すことは難しく、脱走が起きないように、できる限り散歩や道具に関する情報を提供していくことが求められる。

猫の譲渡の注意点

　猫の譲渡は、近年、大きく様子が変わってきている。一昔前は屋内と屋外を自由に行き来する飼い方が主流であったが、現在は室内飼いが中心となっている。さらに、東日本大震災以降、愛護団体による猫の捕獲が難しいことが問題となり、飼い主不在時のケージ飼育が推奨されるようになってきている。つまり、災害時に動物保護がやりやすいようにケージで管理する飼育方法が求められてきている。猫の譲渡の際、ケージの購入を条件にしている動物愛護団体も都心部を中心に増えてきている。猫の譲渡で求

図7

猫の譲渡で求められる項目

- ・家族に動物アレルギーはないか
- ・先住動物との相性に問題はないか
- ・飼育できる環境か
- ・飼育に必要な品を揃えているか
- ・適正飼養を理解できているか
- ・飼い主を信頼できるか
- ・飼い主へ連絡できる手段があるか

▲ 写真4 チョークチェーン

▲ リードショック
トレーニングであっても、リードで吊り上げるような体罰の道具として用いてはならない。

められる項目を 図7 に示した。

（5）家庭犬に向けての
トレーニング

不適切なトレーニング

　飼育犬を訓練所に預けても問題行動が修正できないという話はよく耳にする。トレーナーの命令は聞いても家族の命令を聞かないのは、賢い犬がトレーナーと家族を見分けているからである（弁別＊第7章お勉強コーナー1の4）。おおよそこの状況が生じる訓練所では、チョークチェーン 写真4 を装着してリードを用いてショックを与えるなどの体罰による服従訓練を行っている。家族は、愛犬に対してトレーナーと同様の体罰を用いることができないところに、うまくいかない理由がある。

　解決策として、体罰を用いないトレーニングの方法を指導してくれるトレーナーを選び、自ら愛犬との正しい生活のあり方やハンドリングを身に付ける方法がある。時間をかけてでも、その方が飼い主と犬がともに楽しく生活できるようになれるのは間違いない。

体罰を肯定するトレーナーは、体罰を用いないテクニックを持っていない（持とうとしない）か、犬に暴力を用いるのは許されると考えているからと思われる。「犬の幸せのために、今は厳しくすることが大切です」「愛犬の命を守るためには、厳しく服従させることが必要です」などの言葉は、人側の都合だけで解釈されており、犬への虐待を正当化しているにすぎない。

人間の無理解で問題行動を起こしている犬に対して体罰で制御するのは疑問である。体罰を肯定するトレーナーは、最終的に犬との信頼関係をつくろうとする。だが、人との関係に不信感を持つ犬は、何かをきっかけに、人に対して牙をむく恐れがある。また、それを抑えるためのトレーニングでは、さらにきつい体罰で服従させることになる。そのようなトレーニングで行動に異常をきたすようになった犬が保健所に連れてこられ、殺処分の対象となっている。

図8

保護犬のトレーニング例

① **安心できる居場所つくり**

② **近づいてくるのを待つ**
自発的に考える行動を強化する

③ **ベーストレーニング**
・クレートトレーニング
・トイレトレーニング

④ **基礎トレーニング**
オスワリ・マテ・ツイテなど

⑤ **散歩トレーニング**

散歩

動物福祉に配慮したトレーニングへ

一般家庭で幸せに生活する権利のある犬に、トレーニング（しつけ）という名の体罰を用いるべきではない。つまり、リードショックなど用いるべきではないし、用いない方が刺激に敏感にならず、ゆったりとした犬になってくれる。きちんとしたトレーニングで効果を出せない犬は脳の器質的障害の可能性が高く、行動治療を専門とする獣医師に相談する事例となる。家庭で実践する保護犬のトレーニング 図8 として大切なのは、まず

は安心できる場所（通常はクレートの中）とトイレの位置を決めることである（参照第7章2（1））。

　野良（野犬）の経歴があったり、虐待を経験したりしている犬は不安が高い（警戒心が強い）。無理やり親和関係を築こうとせずに、犬の方から近づいて来るのを待つことで信頼関係は自然と縮まるし、失敗がない。犬に行動を選択させ、結果として安心がもたらされる経験を重ねさせることで、情動反応による突発的な行動よりも知的に考えて行動することを優先するようになってくれる。そうすることで優良な家庭犬になる。

　不安が高い犬を無理やり散歩に連れ出すと逃走する危険がある。まずは、家の中で慣らして、基礎トレーニングができるようになった後に、屋内での散歩の練習から始めたい。方法としては、引っ張るような犬は「引っ張る行動を（体罰で）消す」ことよりも「引っ張る行動を横に付く行動に変えていく」視点で訓練していくとよい（分化強化・シェイピング）*（＊第7章お勉強コーナー1の5)。とにかく、信頼関係をつくるために、犬の自発性を優先させるトレーニングを楽しみながらやっていくことが大切である。

　保護犬のトレーニングで体罰を用いなくても、報酬（トリーツ）を用いることで、犬も飼い主も楽しめる時間をつくることができる。そして、飼い主を信頼する穏やかな家庭犬になってくれる。

🐾3　シェルターメディスン

　シェルターは保護施設のことを、また、メディスンは獣医療のことを示している。つまり、シェルターメディスンとは、施設などでの集団飼育に対する獣医療のことであり、群管理獣医療とよばれることもある。その現場では、科学的な視点をもって、施設の造りや支援体制、衛生管理などに取り組んでいる。詳しい解説は専門誌に譲り、ここでは私たちの生活に近い所を切り取って解説していく。

図9 シェルターメディスンに取り組む施設で行われていること

群管理	衛生管理・ワクチン・駆虫、など
個体管理	治療・健康管理・トレーニング、など
その他	イベント（譲渡会・同行避難訓練）、施設見学、啓発活動（出張授業）、など

(1) シェルターメディスンとは

シェルターメディスンでは、避難所や保健所などの施設にいる動物の世話をしたり、新しい飼い主を探したりして、獣医療全般の知識を用いた支援を行っている。すでに、カリフォルニア州（米国）のほとんどの保護施設で取り入れられ、動物たちの健康状態の改善

図10

シェルターメディスンの目標

① 譲渡率の向上
② 疾病率の減少
③ 持込み動物の減少
④ 不適切飼育（アニマルホーダー・ブリード崩壊など）の減少
⑤ 災害への備え率の向上、など

や譲渡率の向上、安楽死率の減少などに大きく貢献している実践を伴う学術分野と捉えることができる。

家庭では、ペットが病気になると動物病院へ連れていくなど個体の管理を行っている。しかし、シェルターにおいて大切なのは、個体管理よりも群管理であり、家庭での飼育動物とは違った飼養管理が求められている。つまり、個々の病気の治療よりも群としての健康管理や疾病・事故（ケガなど）の予防を重要視している。病気の個体と健康な個体が混在する施設内では、健康な個体に病気を広めないという視点が重視されているのである。もちろん、群管理に重点を置いているが、動物たちの個々の治療も必要に応じて行われている。

シェルターメディスンは実践の学問としての要素があり、管理の状況や方法、病気の発生率、譲渡率などを数値化し分析に役立てている。日本における従来の動物保護活動では「動物の生死を人が決めるのは間違ってい

る」といった支援者の感情が入り込みがちだが、シェルターメディスンでは科学的な分析に基づく客観的な判断を行うことで、獣医学の観点による判断を優先する動物福祉を展開している。それは現場での問題点を分かりやすくし、群管理では欠かすことができない改善目標を設定するのに役に立つことになる。そして、これらのデータがスタッフの共通認識を維持し、動物たちの管理に有効な手段となっていく。

（2）シェルターメディスンの役割

シェルターメディスンの役割

① 譲渡活動
② 適正数の受け入れ
③ 緊急時の対応（飼育崩壊など）
④ 緊急時対応（災害時）の基地局
⑤ 地域の適正飼育向上
⑥ トレーニングの普及
⑦ 不適切な飼育への指導、など

全ての施設に共通で有用な一律のシェルターメディスンとしての基準は存在しない。それぞれの施設で課題となる目標に対して、科学的知見を得ながら数値を用いた管理を行っていくことが求められている。それらが適切な動物の福祉をつくり、スタッフの共通認識を生み出し、持続可能な体制をつくり出すことを可能としていく。

米国で始まったシェルターメディスンにより、保護動物たちの病気が減り、精神的にも健康になり、譲渡へつながるケースが増えていると多数の報告がある。狂犬病予防法を根拠とする保健所での処分から動物愛護へと考え方をシフトしてきた日本とは事情は異なるが、米国で発展してきたシェルターメディスンという視点は日本でも注視すべき領域である。

日本の動物愛護活動では、「命の選別をしない」といった"動物を生かす"ことを目的とした支援者の情緒的な素地が大きいが、シェルターメディスンでは動物行動学を軸としながら動物福祉の視点での科学的データを重視している。そして、譲渡率をいかに向上するか、それを目標とした取り組

間違った正義観の拡散

　狂犬病の清浄国である日本は、欧米ほど多くの動物の処分は行われていません。人の手による処分数が欧米よりも非常に少ないにもかかわらず、行政が関わってきたために非難の的にされてきました。特に20年ほど昔の写真を引き出し、ネットで残酷さだけを取り上げて拡散し、ミスリードする人たちも多数存在します。

　そもそも、ドイツの「ティアハイム（動物保護施設）」と比較すべきは日本の「昔の保健所」ではなく民間の「愛護団体」のはずです。もし、ドイツにおける猟銃による駆除や狂犬病対策での処分、動物病院での安楽死の数などの総計が発表されれば、いかに日本の殺処分数が少ないか明らかになると思います。ティアハイムは素晴らしいけれど、日本の愛護団体や保健所も負けていないと思います。

　残念ながら、日本の動物行政システムの揚げ足を取るように、感情的になって批判することが好きな人がいます。自虐的に「私たち日本人の愚かさ」を、正義観を持ってSNSなどで拡散している人が存在します。科学的に物事を分析する力があるならば、日本の保健所（動物愛護センター）の多くが優れた対応をしていることに気づけるはずです。間違ったネット情報の拡散に熱心にならず、動物愛護センターなどに足を運んで現状を確認すると「真実」を知ることができると思います。

みが求められている。そのための群の健康管理を維持するために、日本では抵抗感を伴う安楽死にも向き合わなければならないことにもなる。全ての動物を生かすことを目的とするのではなく、より多くの動物が身体的にも精神的にも健康に生活できるように科学的な知見を取り入れながら実践していくのがシェルターメディスンである。

(3) シェルターが担う役割

　家庭で犬や猫などを飼育する際、一頭一頭に愛情を込めて管理しているだろう。ところが、シェルターでは群での管理を優先している。つまり、全体が健康であれば、「一頭一頭の福祉や健康も向上する」という考え方で、

図12

動物の福祉を守るシェルターの役割

・虐げられている動物を保護する
・飼い主が不明な動物を保護する
・病気や危険性のある動物を隔離する
・人と動物の両者にとって良い譲渡を行う

収容動物を群として捉え、体調や行動を
管理して健康な状態で動物を飼育する

施設の適切な収容頭数を把握し、
それ以上の動物を収容しない

特に感染症への対策が重視されている。

シェルターには感染が明らかになっていない動物が保護されてくるため、衛生管理が徹底されている。通常、群の飼育では過密で不衛生になりやすく、さらに、育ってきた環境が様々な動物を管理する状況が生まれる。つまり、ストレスにより病気が発症しやすい状態にあり、ワクチン接種や消毒が徹底されなければならない環境で生活していることになる。

さらにシェルターは、災害発生後の混乱期であっても、地域の動物と飼い主を安心させる場所として機能しなければならない。そのためには、様々な災害を想定した体制づくりや普段から地域のネットワークを構築しておく必要がある。例えば、同行避難訓練、お散歩マナー講座、ドッグランの使用方法など、様々な講習会を開催するなどして地域との結びつきをつくっていくのもシェルターの役割のひとつといえる。シェルターの社会的使命の遂行と家庭での適正飼育が、動物との豊かな暮らしを支えていく一助になっていく。

(4) シェルターメディスンと安楽死

シェルターで動物を飼育することは、家庭で動物と暮らすのとは様々な違いがあり、ときに獣医学的な専門知識が必要とされることになる。家庭で飼育する際は、ペットとの情緒交流が大切であり、飼い主の主観による思いが大切にされる。動物病院での診療においても、獣医師が科学的な情報（治療法やコスト、リスクなど）を提供し、飼い主と一緒に治療の方針

を決めていくが、その方針は飼い主の動物に対する想いを伴う主観的な判断に委ねられるケースが多い。終末期治療に伴う安楽死のタイミングなども、飼い主の想いに獣医師が寄り添いながら検討されていく。

　安楽死は、動物の福祉を守るために必要な行為であるが、日本では「殺処分ゼロ」活動などの影響でマイナスのイメージが付きまとってしまう。だが、シェルターメディスンでは、動物の生命に対して「個人的な感情」より「客観的な判断」を求めていくことになる。安楽死を安易に許容することに賛成はできないが、完全に否定してしまっては動物の福祉を守ることはできない。大切なのは「殺処分ゼロ」をベースとする思考ではなく、動物と人がいかに共生できる地域社会を創っていくかという点にある。「譲渡率の向上」のために安楽死を否定せず、殺処分を減らすための社会づくりに取り組んでいくことがシェルターメディスンの目標にもなる。

(5) 動物病院に求めたいサービス

　保護動物に対する獣医師の関わり方は様々である。TNR専門獣医師（p.109参照）の中には、空き部屋や台所を改造した手術場で猫の不妊去勢手術だけを行なっているケースもある。緊急時のトラブルに対応できない体制は懸念されるが、安価な費用で社会貢献してくれている。高度獣医療を提供しているところでは、安心して診察を受ける

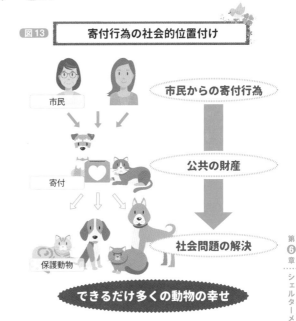

図13　寄付行為の社会的位置付け

市民

寄付

保護動物

市民からの寄付行為

公共の財産

社会問題の解決

できるだけ多くの動物の幸せ

ことができるが一般診療の費用も高く設定されている場合が多い。このように、診療や不妊去勢手術を必要としている愛護団体に選択肢があることは悪いことではない。

　一次診療を行う動物病院での、保護動物の診察や手術代などの割引率をどのように設定するかは動物病院の方針次第である。だが、保護動物の医療費は寄付金でまかなわれているのだから、公共の財産である寄付金をどう使うのか、よく考える必要があるといえる　図13　。寄付は社会の共有財産であり社会問題を解決するために使われるべきもので、一頭に偏った活用（高額治療）はその目的に合っていないと考えることができる。動物病院では、寄付金は公共財産と捉えて診療方針を立てていくとよいだろう。

　保護動物の診療費を寄付金から拠出する場合、たとえば、感染症予防のワクチンや駆虫（フィラリア・ノミ・ダニ）、不妊去勢手術、マイクロチップ、健康診断などに対しては積極的な割引を行い、譲渡先が見つかりやすくなるよう協力していきたい。また、一般治療でも譲渡につながりやすいものならば、治療を最低限の範囲に留めながら割引の対象にしていく。一方で、慢性疾患や看取り、安楽死などは公共性が乏しいので通常料金とする。断脚や癌の手術などの高額医療も、一般の寄付金から使うものではないと判断し割引は行わない。高額医療に対しては、個別に寄付を募るか、支援してくれるホストを探してもらい、通常料金で実施すべきであろう。

　米国のシェルター動物専門の動物病院では、できる限り、若くて健康な動物から譲渡に向けた処置を優先して行っている。慢性疾患や高額医療が必要な動物、処置に時間がかかるような動物や高齢動物は最低限の処置で順番待ちとし、予算や手間がかけられない状況では安楽死の対象と捉えていく。そうすることで、より多くの動物の福祉が守られ、より多くの動物を幸せにし、それらの動物のために寄付金や税金が平等に使われることになる。このような仕組みを日本でも実践していく必要がある。

　これらは担当獣医師の判断というより、動物愛護活動をしているボラ

ンティアたちと共有
し、社会的な了承を
得られるようにシス
テムとして取り組ん
でいく必要がある。
その結果、動物福祉
が守られていない長
期保護されている動
物による寄付金の浪
費が生じなくなり、
譲渡率が高くなって

| 表5 | 診療費の割引対象の考え方 |

● 譲渡につながりやすくなる項目等

| 高い割引率 | ワクチン接種・駆虫 (フィラリア・ノミ・ダニ)・不妊手術 (避妊・去勢)・マイクロチップ・一般身体検査・便検査・血液検査、など |

● 譲渡につながりやすくなる一般診療等

| 標準の割引率 | 最低限の処置のみ 若い犬の治療 (慢性疾患以外)・治療により完治が期待できる治療、など |

● 公共利益が低い治療等

| 割引なし | 高額医療・慢性疾患・高齢動物特有疾患の治療・看取り・安楽死、など |

第12回 WJVF 西山獣医師講演資料より改変引用

いく。すなわち、幸せになる動物の数が増えることにつながっていく。

4　災害と犬とシェルターメディスン

　知らない人や犬に吠えかかる犬を災害時の避難シェルターに連れて行く
ことができるだろうか。自分の愛犬が被災後の環境変化に耐えることがで
きるか考えて欲しい。飼い主さえそばにいれば環境の変化に動じない犬に
なるよう飼育しておきたい。そうしなければ、シェルターにいること自体
が大きなストレスになり、周りに迷惑をかけるような問題行動を起こす犬
になってしまう。飼い主は周囲の目を気にして、避難時に車中泊をしなく
ても良いように、平時から犬との生活のことを考えておきたい。

(1) 平時の犬の飼育と管理

　震災が起こってから犬のトレーニングを行うのでは遅すぎる。被災時の
QOL の低下を防ぐには、普段からの適正飼養が重要であることは言うに
及ばない。残念ながら、多くの飼育犬はシェルターで寝て過ごすことがで

129

第6章 シェルターメディスン

きず、ストレスにより体調を崩したり問題行動を呈したりすることになる。結局、飼い主は犬をかわいそうに思い車の中などで寝泊まりすることになる。

　抱えきれないほどの頭数の犬を連れて、何とかシェルターに避難できたとしても、一緒に生活することは容易にはできない。適正飼養という言葉には、あらゆるケースに対応できる頭数を飼育しているということも含まれる。多頭飼育をしている飼い主は、防災に対する意識を高く持ち、普段の管理を高いレベルで維持することが求められる。

　平時や災害時に何をどこまで目指していくかは、それぞれの避難所となる施設が決めることである。避難施設として、地域の中で人間と動物がともに豊かに生きていけるよう貢献してほしいと求めていきたい。そのためにも、同行避難訓練などを利用して、飼い主としての要望を行政や施設管理団体に伝えていきたい。

(2) 平時の家庭犬トレーニング

　犬には犬の習性があり、屋内で生活させるには配慮が必要となる。まず、生活のベースが安定することで問題行動を抑えることが可能となる。例えば、過干渉は行わず、多くの時間をクレートなどで寝られるなど落ち着いた状態で生活できる環境を提供していく。安心できる場所があれば寝て過ごし、留守番も自然にできるようになる。

　犬は群れで生活する習性があるため、一頭でいると不安になる場合がある。それが留守番の際に様々な問題行動につながってしまう。できれば、不安にならないよう、パピーの時から一人でいる時間を多くつくり、それでも安心だという体験を重ねてあげたい。逆に、子犬の時期にもみくちゃ（過干渉の状態）にしていると、長時間動き回り、四六時中ハイテンションで生活することになる。そういう飼育では、一頭になると不安が強くなり、何かしらの行動を過剰にすることで不安の解消を試みるようになる。

つまり、無駄吠え、家具の破壊、自傷行為などにより留守番ができない犬になってしまう。

適度な距離感で生活していると、犬にとって飼い主と一緒にいることがうれしい時間となる。その時に楽しいトレーニングを入れることで、落ち着きがあり、飼い主を信頼する犬に育てることができる。そうすると、散歩で飼い主を引っ張り、臭いを必要以上に嗅ぎまわるなどのマーキング行為をするような問題行動は生じなくなる。

いずれにしても安定した生活を提供するためには、先に述べたクレートトレーニングが必要である。過度の密着は犬にとって好ましいものではなく、人と適度な距離間を保った生活が一頭でも落ち着いて過ごせる心身の安定した犬の育成につながる。シェルターでもクレートで寝て過ごすことができるような犬に育てれば、素晴らしい家庭犬になってくれる。

(3) 災害時の同行避難と同伴避難

災害時、同行避難は義務とされているが、同伴避難は原則として認められていない。

同行避難とは、飼育しているペットと一緒に避難行動をとることであり、飼い主には努力義務が課せられている。小さな子どもや介護を必要とする高齢者などと同居の場合、ペットとどのように避難するか事前に十分に検討しておく必要がある。

図15

同行避難と同伴避難

同行避難
・動物と一緒に避難行動をとること
・動物愛護管理法で努力義務が課せられている

同伴避難
・動物と一緒の部屋に避難すること
（通常、動物と人の避難場所は区別されている）

同時に、同行避難が困難な数の動物飼育は好ましくない。

同行避難した後、人の居住エリアと動物が保護されるエリアは分けられることになる。大きな災害の際は、動物を受け入れるシェルターがつくら

れ、そこでは伝染病の予防接種を受けている犬猫が優先的に入ることができる。犬の場合、義務になっている狂犬病ワクチンを受け済票を付けていることが条件になる場合もある。緊急時にシェルターを利用するためにも、動物病院での健康診断や予防接種などを済ませ、目視できる接種済票を付けておくことが必要とされる。もしも、証明するものが無かったとしても、獣医師の証言を得ることでシェルターを利用することが可能となる。かかりつけ獣医師を持っておくことも、シェルターメディスンでは大切なことになる。

同伴避難とは、ペットと一緒に避難場所で過ごすことである。日本の飼い主の多くは、犬の飼養管理への意識は低く、現場で同伴避難が一般的になっていくのは難しい。「動物は家族だ」と同伴避難の権利を主張する前に、適正飼養ができているか振り返る必要がある。とはいえ、複数のシェルターのうち1カ所は同伴避難を可能なものにするなど、避難訓練などを通して行政に訴えていく姿勢も併せ持ちたい。

同伴避難の条件として、予防接種の証明と同行避難訓練の参加経験者を優先しなければならない。地域で避難行動についての意識を高めていかなければ、適正飼養管理ができていない「権利のみを主張する飼い主」によるトラブルが起きてしまう。動物に関わるトラブルが生じると、その避難所での動物の受け入れは難しくなってしまう。また、避難所は一般の被災者を中心に運営されており、人に迷惑をかけない犬であることが条件になると考えてよい。

(4) VMAT（災害派遣獣医療チーム）

シェルターには、災害直後の混乱期に向けて事前に体制を整えておく役割がある。同行避難が義務付けられていても、動物たちの支援が十分でなければトラブルが生じてしまう。また、被災した動物たちの薬や療法食など、動物管理に関する課題はすぐに顕著になる。これまでは、獣医師が独

自に手を尽くしてワクチンを集め、支援を行ってきた経緯がある。その次のステップとして、獣医師会の獣医師らが要請に応じた対応を行ってきた。それでは効率が良くないので災害直後に組織化される獣医の集団が誕生することになった。それがVMAT*10である。

被災シェルターでは、集団感染の発生は避けなければならず、ワクチン接種の確認が取れない犬猫は隔離状態で管理されることになる。飼い主による日常の管理が重要なことはいうまでもないが、ワクチンが未接種の動物たちの福祉が守られないことも問題ではある。VMATでは、いち早くシェルターに駆けつけ、接種不明の動物たちに予防注射を先行して接種していく。また、必要なニーズを受け付け、緊急性があるところから支援を行っていく。

（5）獣医師と動物看護師らの役割

獣医師は行政と連携を取りながら、動物関連の支援体制における中心的な役割を担うことになる。それと同時に、被災状況の中にいる飼い主の不安を獣医療面から払拭していくことが求められる。VMATに参加する獣医師の第一の任務は、初動で動物に予防接種を実施しながら各シェルターのニーズを把握していくことである。心臓病や糖尿病などの薬が必要とされているか、療法食は十分かなど、巡回の時点での症状やニーズを確認し、後に巡回する獣医師らと情報共有していくことが求められる。

動物看護師は、獣医師のサポートをすると同時に、情報提供や飼い主の

---

*10 VMAT（ブイマット：Veterinary Medical Assistance Team）：緊急的に活動できる機動性を持った獣医療チームがVMATですが、獣医師と動物看護師を中心に、グルーマーなど1チーム数名で構成される組織です。日頃から専門家として体制や初動の協議を行っていて、災害直後から動物や飼い主の災害状況の情報収集を行う役割を担います。また、災害時には動物の保護や救出にあたるとともに、避難所やシェルターにおける動物の健康管理や被災者と動物の関係を円滑にするよう努力することになります。2013年に日本で初めて福岡で結成され、以降、群馬、大阪、東京、岡山などにも誕生し、全国に広がっています。

細かいニーズを把握していく。つまり、記録や連絡業務をこなしつつ、飼い主の要望や不安などにも目を配っていたい。獣医師が疾患の対応で手が離せない場合、動物看護師が中心となって様々な相談にのるケースも出てくる。状況によっては、動物愛護団体と協力し、離れ離れになった動物の捜索や動物の預かり業務の情報提供などを行っていく必要がある。さらに、ペットロスによる不安定な心情の飼い主に寄り添ったり、心理職との連携や専門機関に関する情報提供をしたりと動物看護職としての活躍の場が広がっている[11]。

グルーマー（トリマー）は、被災時に汚れてしまった動物のシャンプーで活躍できる。これはありがたい支援であり、シェルターの臭気衛生を保つ意義も高い。地域によってはグルーミング専用車で支援してくれるケースもある。特に、介護が必要な動物の臭いのケアは飼い主だけでは難しく、有用な存在となる。また、爪切りや亡くなった動物のグルーミングなどでも活躍してくれる。人が数日の間、風呂に入れない環境の中にあって、犬だけでもきれいになることは周囲に安心感をもたらしてくれる。

災害時は、様々な動物の専門家が来るだけで飼い主は安心できる。ペット同伴に伴うあらゆる不安の一つひとつが解消されていくことで、避難場所でのメンタルヘルスが保たれていく。動物の状態と飼い主の心の状態（心配や不安）は密接な関係があるため、動物の最低限の福祉が守られて

---

[11] サイコロジカル・ファーストエイド（PFA）：動物看護師やグルーマーは、備えとしてPFAの知識を持っていたいものです。PFAは、危機的な出来事に見舞われて、苦しんだり、助けが必要かもしれない人に、同じ人間として行う、人道的、支持的、かつ実際的な支援の方法のことです。

PFA 実施の3原則：見る・聞く・つなぐ
　支援を押し付けず、相手を尊重し、話に耳を傾けていきます。そして、できる限り対象者を専門家やコミュニティにつないでいきます。被災者ファーストで行動するために、情報収集と様々な組織との連携を十分に行っていくことで安心を提供していきます。このように、PFAは相手への思いやりと寄り添う気持ちで支援していくことが重要とされている支援方法です。

いることは、One Health [*12] の概念につながっていく。飼育者の気持ちに余裕ができれば、トラブルも起きにくくなり協力体制も構築しやすくなる。VMAT の任務には、このような間接的な役割も期待されている。

おわりに

シェルターメディスンは、2001 年にカルフォルニア州立大学デイビス校で始まりました。米国では普通に実施されているものですし、ヨーロッパにも浸透しています。しかし、日本で取り組まれ始めて数年しか経っていない状況です。

これから、広く支持されていくと考えられるシェルターメディスンですが、これは「システム」として行政や動物愛護団体、教育機関などが協力しなければなりません。動物愛護団体の存在なしにシェルターメディスンは成り立ちません。日本の文化や歴史に合わせたシェルターメディスンを進めていくために何が必要か、システムを考えていく必要があります。そのためには、愛護団体が取り組んでいうる「殺処分ゼロ」活動を否定せず、一部の行政の誤った「殺処分ゼロ」達成の発表を問題視し、動物が絡む社会問題に対する学術的な視点を導入することが求められています。

動物愛護団体は持続可能な状況で運営されていないところも多く、様々な課題を抱えています。動物愛護団体が疲弊してしまうと、救える動物たちの数が減ってしまいます。そういう状況で、私たちが協力できるのはボランティアへの参加です。

多くの人の助けにより、日本は犬猫を殺さないように取り組む国へ変わることができました。これからは、犬猫が幸せに暮らせる国へと歩みを進める必要があります。そのためには動物福祉の視点が欠かせません。これからの日本でのシェルターメディスンに注目してほしいです。

今後、愛玩動物看護師国家資格をもつ若者たちが、この領域で活躍してくれることを願っています。

[*12] One Health（ワンヘルス）：ワンヘルスとは、「人、動物、環境（生態系）の健康は相互に関連していてひとつである」という考え方です。人、動物、環境それぞれの健康に責任を持つ関係者が分野を超えて協力関係を構築し健康を推進していくという構想であり、わが国も 2013 年に日本医師会と日本獣医師会が One Health の理念にもとづき学術協定推進の覚書を締結しています。

参考文献

1) https://www.pref.ibaraki.jp/hokenfukushi/seiei/kankyo/documents/07_satusyobunn.pdf　平成 30 年度犬及び猫の殺処分頭数について　茨城県ホームページ
2) https://www.pref.ibaraki.jp/hokenfukushi/seiei/kankyo/seiei/satushobunn0jyourei/zero.html　茨城県犬猫殺処分ゼロを目指す条例　茨城県ホームページ
3) 杉本彩　（2020）　動物たちの悲鳴が聞こえる　続・それでも命を買いますか　ワニブックス PLUS 新書
4) https://www.weblio.jp/cat/academic/ssygd　世界宗教用語大辞典（Weblio 辞典）
5) https://www.metro.tokyo.lg.jp/tosei/hodohappyo/press/2019/04/05/03.html　動物の殺処分ゼロを達成　東京都ホームページ
6) https://saigai-kokoro.ncnp.go.jp/pdf/who_pfa_guide.pdf　WHO 版 PFA 心理的応急処置フィールドガイド
7) https://www.yano.co.jp/press-release/show/press_id/2364　ペットビジネスに関する調査を実施（2020 年）　矢野経済研究所
8) 西山ゆう子　（2021）　殺処分ゼロ時代の章動物臨床～米国獣医師からの提言～　WJVF 第 12 回大会オンライン開催　資料
9) 愛玩動物看護師教育コアカリキュラム準拠　第 10 巻　「動物生活環境学」　第 3 章　保護収容施設（未発刊）

動物と幸せに暮らすために 知っておきたいこと

飼い主としての責任を考えずに安易に動物を飼育することは当然問題である。加えて、悪意がなくても無知であることが動物を不幸にし、飼い主の生活を脅かすこともある。だからこそ、動物と幸せに暮らすためには、飼い主として知っておきたいことがある。飼い方やトレーニングについては次章に預け、この章では動物を飼うときには何を想定しておかなければいけないのか、身近な犬猫に関する誤解、飼い主として果たすべき責任について述べる。

purr purr

第7章

1 動物を飼う前に考えておくこと

仕事柄、愛犬・愛猫の行動に悩む飼い主と話をする機会が多い。その際に、「こんなはずではなかった」という言葉が飼い主の口をついて出てくることがよくある。多くの人が動物との豊かな生活を思い描いて飼いはじめるので、思い通りにいかずにガッカリするのは当然だろう。ただし、少し違う見方をすると、動物を飼いはじめるにあたって、動物との生活に期待する側面しか見えていなかったと言うこともできる。そして、出会いやインスピレーションを重要視して飼いはじめる人も少なくない。厳しい言い方をすれば"よく考えずに飼った"ということになるのだろうが、リスクの

面まであれこれと考え尽くして飼いはじめる人のほうが稀である。たとえ、"そこまでよく考えずに飼った"飼い主でも、犬や猫に愛情をもって接し、悩みを抱えて「こんなはずではなかった」と思っても、飼育放棄せずに専門家に相談して努力している飼い主は"優良な"飼い主だといえる。大切なことは、飼いはじめるにあたって『何を考えておくべきか』という情報が、生体を販売・譲渡する側から飼い主に十分に伝えられているのだろうかということである。

　動物を飼う前に考えておくことを 表1 にまとめる。冷静に眺めてみれば当たり前のことばかりであるが、犬猫と暮らす期待に盛り上がっているときには意外とよく考えていないものである。これらの内容について、飼い主自身が事前によく考えることは大切だが、動物種による特徴などは専門的な内容も含むため、生体を販売・譲渡する側が確認と注意喚起をすることも重要であろう。

2　一般的に誤解されている犬猫の行動

(1) アップデートされない犬の上下関係神話

　『うちの子、自分のほうが偉いと思ってるんです』、『私、犬になめられてるんです』、『犬って気を付けないと人のことを下に見るんでしょ？』などのように、人と犬との間に上下関係（序列）があることを前提とした話をいまだによく耳にする。人が犬との間に上下（主従）関係をつけたいという欲求はあるかもしれないが、犬が人を同じ群れの一員として序列に組み込んで上位に立とうとするという定説（α理論あるいは Dominance Theory）は既に否定されている（【詳しい解説1】参照）。古い定説が否定されたのは"近年"とはいうものの、もう10年以上経過しており、今では教科書レベルでしっかりと書かれていることである。

表1	**動物を飼う前に考えておくこと**
① 環境	● 飼育できる住宅環境か【規約・契約の確認、十分な飼育環境を確保 など】 ● 動物を飼育したときに家族や近隣の理解が得られるか ● 飼育のサポートを受けられる環境か 【医療やケア等のサービス、頼れる家族や友人 など】
② ライフイベント	● 飼育後の結婚、出産、転居などのライフイベントを想定しているか
③ 時間とお金	● 飼育管理などに時間とお金をかけることができるか（確保・許容できるか） ● 飼育する動物に関する必要最低限の学びにも時間とお金をかけることができるか ● 動物医療は皆保険制度ではないため、医療費は想像よりも高額になる ● 必要な医療等をどこまで受けさせられるか
④ 健康と年齢	● 飼育管理ができる健康状態にあるか ● 自分の加齢と動物の加齢を想定できているか ● 自分の健康状態が飼育管理の障害になった場合、誰かに託せるか
⑤ 動物の理解	● 動物には特有の体臭があり、それを完全に除去することはできない ● 動物は排泄物を出し、適切に処理しなければ汚れや悪臭のもとになる ● 不妊去勢手術をしていない動物のオスとメスを一緒に飼育すれば繁殖をして子どもが産まれる ● 動物には攻撃性があり、人を攻撃して傷つける可能性がある ● 動物は遊びなどを目的として、悪気なく人の大切な物を破壊することがある ● 動物は飼い主に必ず懐くとは限らない ● 動物は学習によって嫌いなもの・怖いものができること など
⑥ 法律の理解	● 飼い主の責任が法律に定められており、一部には罰則がある ● 動物種によっては飼育禁止の場合、特別な飼育許可や個体の登録が必要な場合がある など

　世界的に長く信じられてきた定説のアップデートが、一般市民まで浸透しないのは仕方のないことかもしれない。しかし、その原因のひとつは犬を取り扱う専門的な人々（ブリーダー、ペットショップの店員、ドッグトレーナー、グルーマー（トリマー）、獣医師など）の間でもアップデートが遅れているからかもしれない。それを示すことができる事例は多々あるが、その中のひとつを紹介する《次の事例参照》。満太郎くんの事例から分かることは、ペットショップの店員が犬の社会構造と人との関係形成について正しく理解していれば、真面目で優良な飼い主に正しい情報が伝わ

り、攻撃性の問題が発生することはなかっただろうということである。このように、犬が人との間で序列形成を行わないという情報は、人と犬とが幸せに暮らすためには大変重要な情報だといえる。いまだ「知る人ぞ知る」情報であるだけでなく、「知るべき人が知らない」情報であることが、早急に改善すべき課題である。なお、この話は「飼い主は犬に対してリーダーシップを発揮しなくてもよい」ということとはイコールではない。犬に対するリーダーシップのあり方については、次章にて解説する。

α理論の犠牲になった犬と飼い主

　山田家の満太郎くん（仮名）は、マルチーズとトイ・プードルのMix（マルプー）の男の子で当時は4ヵ月齢でした。飼い主さんの手を流血するほど咬んでいるということでしたが、4ヵ月齢の子犬が流血するほど激しく人の手を咬むというのは、普通のことではありません。実際に会うまでは、遺伝的な異常の可能性も想定しましたが、飼い主さんからヒヤリングをして、満太郎くんの行動を観察して、咬みつくようになってしまった理由がよく分かりました。

　満太郎くんは、主にグルーミングケア（ブラッシングやシャンプー、目ヤニ取りなど）、肢先・顔の周り・お尻の周りを触られること、仰向けに抱っこされること、睡眠中に触られること、に対して唸ったり、咬みついたりしていました。はじめて犬を飼う山田さんは、ペットショップで受けた指導に真面目に取り組み、毎日スリッカーブラシでブラッシングをして、目ヤニを拭き取るなどのグルーミングケアをしたそうです。毎日グルーミングケアをすることは、悪いことではないですし、それが直接的に攻撃性の原因となるわけでもありません。重要なことは、「嫌がっても止めてはいけない」という指導に実直に取り組んで、強引にケアを続けた結果として強く咬まれるようになったということです。

　その後、山田さんは満太郎くんが咬むようになってしまったことをペットショップに相談しました。すると、ペットショップの店員さんが満太郎くんをトレーニングすることになったそうです。そこで満太郎くんが受けたトレーニングは、アルファロールオーバー＋マズルコントロール[注1]、唸る・咬むなどに対して怒鳴る・叩く、嫌がっても強引にブラッシングする（止めると抵抗することを覚えるから）というものでした。このトレーニングにより、ますます満太郎くんの攻撃性は激

化したことは言うまでもありません。ここで肝心なことはペットショップの店員さんが行ったトレーニングの根源には「α理論」があるということです。犬が飼い主に攻撃性を示すのは、飼い主に抵抗し、自分が群れの頂点に立とうとするからで、そうならないためには子犬のうちから服従心を養い、人に抵抗しないように育てなければいけないという考え方です。そのような考え方が満太郎くんに不要な攻撃性を引き起こし、真面目に愛犬の世話に取り組んだだけの山田さんを苦しめたわけです。

　このあとの満太郎くんのストーリーは、次章にてご紹介します。

注1）アルファロールオーバーとは、人が足を伸ばして座り、犬を仰向けにして足の上に寝かせるやり方がよく見かける方法です。犬（オオカミ）のボディランゲージの中で、最も服従の意図の強い仰向け姿勢を人の意志により（つまり強引に）とらせることで、犬の服従心を養うことが目的とされています。一方のマズルコントロールとは、犬の口吻（マズル）を手で掴み、人の意志により左右上下に動かします。これも犬同士（オオカミ同士）の社会的なコミュニケーションの中に、優位個体が劣位個体のマズルを咥える行動があることから、犬の服従心を養うことが目的とされています。両者ともに一般的には、犬が嫌がっても抵抗しなくなるまで押さえつけるように指導されます。「アルファロールオーバー＋マズルコントロール 図1 」になると犬を仰向けにしてマズルをこねくり回すということです。「犬の服従心を養う」という目的で、犬に不快な思いをさせながら強引に実践することは決して勧められません。なお、ケアがしやすくなるように、仰向けになることやマズルを触ることに動物福祉に配慮した方法で慣れさせることは有効です 図2 。

図1

図2

step 01　子犬があまり嫌がらない抱き姿勢からはじめ、その状態で口の周りを優しく触りながら笑顔で褒めてフードを与える。

いいこね〜

step 02　慣れてきたら徐々に姿勢を仰向けにしていきます。一気に持ち上げ仰向けにしないように注意。

褒めながら
食べ物をあげる

※慌てず、
ゆっくりと
すすめる

step 03　仰向けになっても、口の周りを触っても、リラックスできるようになるまで慣れさせる。

えらいね〜

第7章　動物と幸せに暮らすために知っておきたいこと

【詳しい解説1】

　古い定説では、イヌの祖先種とされるオオカミ[注1]の社会構造を当てはめて、イヌは群れをつくると熾烈な戦いによって序列を形成し、その頂点であるα（アルファ；序列第1位）を目指すと考えられていました。そして、この序列形成は人との間にも適用され、イヌは人よりも上位に立ち、支配的な立場になろうとすると信じられてきました。この定説は、そもそもオオカミの本来の社会構造の理解が間違っていたこと[注2]、野犬等の研究からイエイヌの社会構造はオオカミとは完全に同一ではないことが理解されたこと、犬が人との間に序列を形成する必然性が極めて乏しいこと[注3]、などから理論的に破綻していることが示されて否定されるに至りました。なお、イヌが物の所有や嫌だ・怖いという気持ちなどを表現するために、人に対して攻撃的な行動を示すことはあります。勘違いしてはいけないのは、イヌは「自分の地位が高い」ことを理由に攻撃性を示しているわけではないということです。

注3）本来、動物が序列を形成する必要性があるのは、限られた資源（食物、水、快適な空間、繁殖相手など）に対して群れの個体間で競合が発生する場合です。資源の優先権をめぐって順位をつける必要があり、戦うことが主な方法ですが、群れを維持できるように過度の戦い（殺し合い）を極力避けることが普通です。そもそも、家庭で飼育されている犬と人との間で食物や繁殖相手などの資源の競合は原則的には起こり得ません。むしろ人は犬に資源を供給する側ですから、犬が人との間に序列を形成する必然性は極めて乏しいといえます。

注1）古くは、イヌの祖先種はオオカミに限定されていませんでしたが、DNA解析によりタイリクオオカミが祖先種であり、イヌはその亜種であるとされました。その後、更に研究が進み、現在ではタイリクオオカミとイヌの共通の祖先種であるオオカミが存在したと考えられています。つまり、「イヌの祖先はオオカミ」という表現よりも、「イヌとオオカミの祖先は同じ」のほうが正しい表現になります。

注2）昔は、血縁関係のないオオカミを集めて群れを形成し、制限された実験環境下で研究が行われました。そのような環境下では、資源確保のためにオオカミは熾烈な戦いによる序列形成を必要としました。しかし、自然環境下での生態観察の結果からオオカミは本来、繁殖ペアとその子どもから形成される家族群をつくり、家族間の親和的なつながりを基本としていることが分かりました。

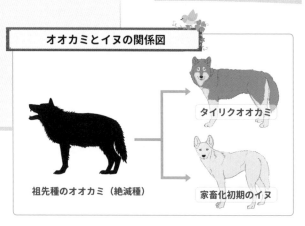

オオカミとイヌの関係図

祖先種のオオカミ（絶滅種）

タイリクオオカミ

家畜化初期のイヌ

142

（2）社会性がないからと諦められる猫

　猫は、『自由気ままな動物』、『"人ではなく家につく"動物』、『しつけができない（要らない）動物』など"社会性のない動物"という一般的なイメージが強い。そのことが、『猫だから仕方ない』と猫との良好な関係づくりを諦める原因になっていることがある。これは、大きな誤解であり、もったいない話である。確かに猫は、単独で縄張りを護って生活する"独居縄張り性"を社会構造とする動物の代表として名前があがる動物である。このことは間違いではなく、生活資源の乏しい環境ではイエネコが独居縄張り性であることが知られている。しかし、それは猫の社会構造のひとつの側面であり、生活資源が豊富な環境ではイエネコも他個体とコミュニケーションによる意思疎通を図りながら集団生活を営むことができる。つまり、猫にも"社会性*¹はある"のだ。

　猫の社会性は、猫同士だけに発揮されるわけではなく、人に対してもコミュニケーションによる意思疎通を図ろうとする。とくに「ミャー」や「ニャー」などの鳴き声（meow音）は、人との関わりの中で学習的に多様化しており、母子関係を除いて猫間ではほとんど使われない。つまり、猫は人の気をひくために鳴き声のバリエーションを増やしているのである。このように、猫は人とコミュニケーションができる動物であり、当然動物としての学習能力も備わっているため、猫をトレーニングすることも可能である。「オスワリ（座位）」や「フーセ（伏臥位）」、「オイデ（呼び戻し）」、「マッテ（待機）」、「ツイテ（人の横について歩く）」、「オテ（人の手に前肢をのせる）」など犬に教えるようなことを猫にも教えることが

---

*¹ 社会性（Sociality）とは、同種あるいは異種の2個体以上が情報伝達（コミュニケーション）によって意思疎通を図り、何かしらの関係を形成することができる性質のことです。ただし、この「何かしらの関係」には資源を競争するだけの関係（外敵）や夫婦・親子関係（交配・子育て）は含みません。

できる。

　ただし、誤解してはいけないのは『犬と同じではない』ということである。人と協調的に動く天才である犬と比べてしまえば、猫は "凡人" レベルかもしれない。猫に "犬" を期待することはできないが、『猫だから・・・』と最初から諦めなければ猫とも豊かなコミュニケーションを楽しむことができるはずである。

> 猫とも豊かにコミュニケーションはできる
> ・猫は様々な鳴き声で人とコミュニケーションを図ろうとしている
> ・猫にも「オスワリ」、「フーセ」、「オイデ」、「マッテ」、「ツイテ」など色々なことをトレーニングできる

（3）狭い個室が当たり前の子犬の飼育環境

　日本では、小型犬の飼育頭数が多いこともあり、約 60 × 90cmのサークル（ケージ）に入れて子犬を飼いはじめることが一般的である。はじめて犬を飼う飼い主は、ペットショップでこのサイズのサークルを勧められることが多く、犬を飼ったことがある飼い主でもサークルのサイズに疑問をもつ人はほとんどいない。約 60 × 90cmというサークルのサイズは、レギュラーサイズのトイレトレーを入れるとスペースの半分が埋まり、残りの半分にペット用ベッドなどの寝床を入れることになる。そして、給水ボトルを設置して、僅かに残った隙間で食事を与える。コンパクトで "オール・イン・ワン" のスペースなので合理的と思われているが、『むき出しのトイレの隣で寝食する状態』を人で考えれば、そのような状態は健全な日常生活にはあり得ないはずである。

　『人ではなくて犬なんだからいいだろう（擬人化するな！）』と思うかも

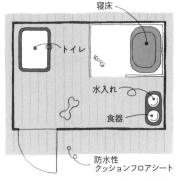

▲ **写真1 子犬の生活環境の一例**
寝床は 60×90cm、周囲は 120×180cmのサークルを用いている。この大きさであれば、人が中に入って犬と遊ぶことができる。床は防水性のクッションフロアシートを敷いている。目隠しのタオルや知育玩具などは、子犬の特徴に応じて設置を考える。

しれないが、犬も寝食する生活スペースとは離れた場所を排泄場所として選ぶことが科学的に証明されている。つまり、犬であってもトイレの隣で寝食させることは動物福祉に反しているのである。トイレと寝床は最低でも 30 〜 50cm程度は離し、間に仕切りを入れて空間を分けることが望ましい。そう考えると、約 60 × 90cmというサークルのサイズは明らかに小さいということが分かる。さらに、飼育開始時はトイレトレーニングが十分にできていない場合がほとんどであるため、1日の90%以上を動物福祉に反したサークル内で過ごす子犬も多く、そのストレスから問題行動の温床になっている側面もある（【詳しい解説2】参照）。

　動物福祉に反することなく子犬の生活環境を適切に整えるには、例えば既に持っている 60 × 90cmのサークル内を寝床にして、その外にトイレトレーを設置し、周囲を柵で囲うという方法がある 写真1 。小型犬の子犬であっても、せめて周囲 120 × 120cm程度は準備してあげたい。ただし、広ければ広いほど良いというわけでもない。いきなりリビングルーム全体など人の生活空間との境界のない飼い方をすると違う問題が生じるためお勧めしない（【詳しい解説2】参照）。

【詳しい解説2】

　広さだけの問題ではないが、60 × 90 cmのサークル内で起こる問題行動には様々なものがあります。ペットシーツを破る・飲み込む、排泄したトイレの上で寝る、糞を踏み散らかす、食糞する、寝床に排泄する、寝床をトイレの上に移動する、寝床を破壊する、サークルの柵を噛む、肢や指を舐め続ける、激しく吠える・鳴く、サークル内を激しく走り回る・ジャンプする、サークルから出すと戻るのを嫌がる、などです。ほとんどの場合、生活環境のストレスから子犬が発現した行動を人の対応によって行動が増加する学習をさせてしまっています。そして、これらの問題行動を原因として、サークル内に何も入れられない、サークルから出せない、などの悪循環が生じてしまい、ますます子犬の生活の質（QOL）が低下し、問題行動が酷くなっていく場合もあります。

　サークルが狭すぎることは問題ですが、逆にいきなり生活環境を広げ過ぎることもベストとは言えません。人にとって望ましくない場所で排泄する確率が高くなり、犬に噛まれたくない物を噛まれる確率も高くなります。臆病な犬であれば、警戒するべき空間が広すぎてストレスを抱えることもあります。最初は広くても2m 四方程度には留め、人の生活空間とは区切って子犬専用の空間にすることが望ましいです。なお、これはリビングルームなどで飼育する一般的な場合を想定した話であり、庭やその他犬専用の特別スペースなどを与えて飼育する場合は該当しません。

(4) "社会性が高い" と思われている空気の読めない興奮犬

　巷<small>ちまた</small>では、初対面の人や犬にも尻尾を振って勢いよく突進していく犬を見て、『社会性（コミュニケーション能力）が高い』と思われている。一般の人だけでなく、ペットショップの店員、グルーマー（トリマー）、獣医師、ドッグトレーナーなど犬に専門的に携わる人でもそう思っている人が少なくないことが残念なところである。『社会性（ここでは、適切なコミュニケーションを図る性質）』と『社交性（友好的な交流を求める性質）』が混同されているのであろう。犬が好きな人ほど、初対面でも尻尾を振って勢いよく突進してくる犬を可愛いと思うだろうが、危険な側面があることを正しく理解しておいてほしい。

初対面の人や犬に尻尾を振って勢いよく突進していく犬は…
×：社会性が高い　→　適切なコミュニケーションではない
○：社交性が高い　→　友好的ではある

　"初対面"の犬同士の適切な挨拶（社会的探査行動）では、相手の様子をうかがいながらゆっくり（少し孤を描くように）接近して、落ち着いてお互いのニオイを嗅ぎ合うことがマナーである。過度に興奮した接近はマナー違反であり、相手に恐怖や不安を感じさせることがある。つまり、いくら友好的な感情表現であっても、初対面の相手に勢いよく突進していく犬は空気の読めない興奮犬であり、決して社会性の高い犬ではない。間違ってもこのような特徴のある犬を『社会性が高いから飼いやすい』と言って勧めてはいけない。往々にして、飼い主は興奮しやすさをどうコントロールするかという問題に直面することになる。人や犬に対して友好的なことは悪いことではないが、間違った情報で飼い主と犬をミスマッチさせることは避けなければいけない。また、『うちの犬は社会性が高い』と信じ込んでいると、ドッグランなどで他の犬を追い詰めてしまいトラブルを引き起こしてしまうこともあるため、要注意である。

（5）猫だから置きエサにしなければいけないの？

　猫を飼育するときに"猫だから置きエサ"と単純に考えている人が少なくない。これは、猫が本来は小さな獲物を1日に複数回捕らえて食べていることから、猫は少量の食事を複数回に分けて食べることができるようにしたほうがよいと考えられているからである。実際に猫に自由摂食をさせると、少量を複数回に分けて食べる摂食パターンを示すことも知られている。これらのことから、一見「猫だから置きエサ」は何も問題がないように思えるが、盲目的に「置きエサ」にしていると思わぬ落とし穴があることを知っておきたい 表2 。

　猫の動物種としての摂食パターンの特徴に配慮して食事を与える場合、

| 表② | 猫の置きエサの思わぬ落とし穴 |

① 一部の猫は目の前にある食物を一気に食べてしまう
　・食事のサイクルが乱れやすい
　・肥満になりやすい（飼い主が空の器に何度も食事を足すため）
　・過剰に摂食する猫と十分に摂食できない猫がでてくる
　　（多頭飼育で食事を置きエサで共有している場合）
② 器が空になったら（少なくなったら）食事を足す給与法では個体の摂食量を管理できない
③ 食物が劣化しやすい（とくにウェットフードが混ざっている場合）
④ 食事を介した飼い主と猫のコミュニケーション機会が減る

　その基本は一日の食事量を計算して、それを小分けにして与えることである。何回に分けるかは飼い主の在宅状況にもよるが、多くても一日5〜6回程度に分ければ十分である。また、一日2〜3回でも猫の身体が適応できないわけではない（ただし、急激に回数を減らしてはいけない）。飼い主が不在の間だけ適度な分量を置きエサにしてもよいし、タイマー式の自動給餌器を使って小分けの回数を維持する方法もある。多頭飼育の場合であっても、できる限り個体別に食事を管理することが望ましい。猫であっても置きエサは必要最小限にとどめることをお勧めする。

(6) 子犬は歯が痒い？　歯を鍛える？　歯を固める？

　子犬を飼うと家具など色々な物を噛まれてしまうことが多く、そのことに関する相談も多い。この種の相談を受けるときに、ほとんどの飼い主に聞かれることは「歯が痒いからですかね？」である。そして、この質問にはお決まりの続きがある。「歯を鍛える（歯を固める）のに硬い物を噛ませたほうがよいですか？」である。これは、人の赤ちゃんの「歯固め」の概念[2]に由来しているのではないかと思うが、危険な誤解であるため要

---

[2] 人の赤ちゃんの「歯固め」は、乳歯の萌芽期である生後6ヵ月ごろからシリコンなどでできた歯固め用具を噛ませることを意味します。歯の萌芽に伴う不快感を和らげ、顎の筋肉や骨格の発育を促し、健全な歯の成長を促す効果があるといわれています。ちなみに、お食い初めの「歯固めの儀式」とは異なります。

注意である。

　そもそも飼い主が子犬に色々な物を噛まれて困っている時期と、人の赤ちゃんの「歯固め」の時期は、同じ“子ども”ではあるが発達期は同じではない。人の赤ちゃんの歯固めは“乳歯の萌芽期”のことであるが、子犬の乳歯の萌芽期は３〜４週齢であり、８週齢にはほとんど乳歯が生えそろっている。飼い主が子犬を迎える時期は、ほとんどが８週齢以降であり、家で色々な物を噛んでいる頃は乳歯の萌芽期ではない。つまり、乳歯が生えはじめる違和感から人の赤ちゃんは色々な物を咥えるといわれているが、それを家庭で生活を始めた子犬が色々な物を噛むことに単純に当てはめるのは間違いである。子犬は、人との生活環境中にある様々な目新しい物を調べて、知るための行動（探査行動）のひとつとして色々な物を咥えて噛んでみるのである。その結果、噛み心地がよかったり、動きや壊れ具合が楽しかったりすると、“おもちゃ”と認識して繰り返し噛むようになる物が出てくる。あるいは、噛むと飼い主の注目が獲得できることを学習して繰り返し噛むようになる物も出てくる。さらに、フラストレーションからサークルの柵などを噛んでいる場合もある。このように、子犬が色々な物を噛むことには行動学的な理由があり、それを正しく理解しなければ問題を改善することはできない。ちなみに、人の手を噛むことと物を噛むことは違う現象であり、「噛み癖」などと一括りに解釈してはいけない。

　また、乳歯が既に生えそろっている子犬に硬い物を噛ませることが歯固めにつながることもない。人の赤ちゃんでは、乳歯が生えそろう前にシリコンなどでできた歯固め用具を噛ませることで、顎の筋肉や骨格の発育を促し、健全な歯の成長を促す効果があるといわれているが、当該の子犬の発達期とは合致しないのである。既に乳歯が生えそろっている子犬が硬い物を噛めば、顎は鍛えられるかもしれないが、生えている歯そのものが鍛

『子犬が色々な物を噛むこと』

×：歯固め　○：物を調べる、遊ぶ、（ストレス）

・子犬を飼いはじめるころは（人でいう）歯固めの時期
　ではない
・硬い物を噛んでも生えた歯を鍛えることはできない
・硬い物を噛むと歯が欠けることもある

えられるわけではない。顎の筋肉や骨格の発育は、永久歯への生え変わりに良い影響を与えるかもしれないが、硬すぎる

おもちゃ・おやつを噛ませれば歯が欠けることもある。残念ながら犬の歯が欠ける危険性のあるおもちゃ・おやつは普通に売られているので、飼い主が適切に選ぶことが重要である。

3　みんなが幸せに暮らすための適正飼養

（1）適正飼養と終生飼養

　動物の飼養管理において、飼育する動物種の特徴を把握して、それに応じた適正な飼養管理を実践することを『適正飼養』という。また、一旦動物を飼育し始めたら、その動物の生涯にわたり適正な飼育を継続することを『終生飼養』という。至極当たり前のことであるが、この当たり前が成立していない現実があり、そのことが動物虐待や多頭飼育崩壊、野良猫に代表される動物の遺棄・逸走に伴う地域社会への悪影響や環境破壊の問題、など社会問題化していることは第3章4（1）多頭飼育崩壊にて述べられている通りである。社会問題であるからには、国民全体の問題といえるので、飼い主はもちろんのこと、動物を飼育していない人にも『適正飼養』について理解を深めてもらいたい。

1）適正飼養の指針「5つの自由」

　現代社会において、動物の飼養管理は「生きていればよい」という考え方では不十分である。動物福祉（Animal Welfare）に配慮して、動物たち

表3	**5つの自由（Five Freedoms）**

① 飢え・渇きからの自由	新鮮な水と適切な食事管理の提供
② 不快からの自由	心地よい休息場所などの適切な飼育環境（住環境）の提供
③ 痛み・ケガ・病気からの自由	ケガや病気の予防、早期発見・治療の機会の提供
④ 正常な行動を発現する自由	動物がイキイキと行動するために必要な十分な広さの空間、適切な刺激、仲間などの提供
⑤ 恐怖・苦悩（抑圧）からの自由	精神的苦痛の少ない生活の提供

FAWC (1992)

が「豊かに生きる」ための飼養管理が求められる。この動物福祉への配慮の国際的な指針が『5つの自由（Five Freedoms）』である 表3 。これは、イギリスの産業動物のアニマルウェルフェア専門委員会（FAWC: Farm Animal Welfare Council）によって1992年に提唱されたものである。つまり、元々は畜産動物を対象としたものであったが、現在では伴侶動物や展示動物、実験動物を問わず共通した指針として認識されている。この『5つの自由』を満たす飼養管理の実践は、すなわち「適正飼養」を意味する。そのため、一般の飼い主であっても適正飼養の指針として『5つの自由』を理解しておきたい。

2）法律上の飼い主の責任

　日本において動物を飼育すると、その飼い主として果たすべき責任が法律に定められていることを知っておかなければいけない。最も重要な法律は、「動物の愛護及び管理に関する法律（通称：動物愛護管理法）」である。動物愛護管理法では、主に第7条に「動物の所有者又は占有者の責務等」として飼い主の責任について定められている。環境省では、「飼い主に守ってほしい7か条」として分かりやすくまとめているので 表4 に紹介する。適正飼養や終生飼養に関連して飼っている動物の命と健康を守ることはもちろんだが、動物の衛生状態や行動などが近隣に悪影響を及ぼさないようにすることも飼い主の責任であることを十分に理解しておきたい。罰則を

表4　飼い主に守ってほしい7か条

① 動物の習性等を正しく理解し、最期まで責任をもって飼うこと

② （近隣への）危害や迷惑の発生を防止すること

③ 災害に備えること（同行避難するようにこころがけること）

④ むやみに飼育数を増やしたり繁殖させたりしないこと

⑤ 動物による感染症（人獣共通感染症）の知識をもつこと

⑥ 動物が逃げたり迷子にならないようにすること

⑦ 所有者を明らかにすること（マイクロチップや迷子札などを装着すること）

環境省パンフレット「動物の愛護及び管理に関する法律のあらまし」より引用

伴う内容については、表5 に紹介する。当然してはいけないことであるが、日本人のもつ「自然のままに」という考え方（スタンス）は、「自由にさせる＝放置＝ネグレクト」や「自然に返す＝遺棄」につながりかねないので要注意である。また、"しつけ"という名の「虐待」にならないようにも心がけたい。

　犬の場合には、「狂犬病予防法」に定められている飼い主の義務もある。犬を市区町村に登録する義務（第4条1項）、犬に年1回の狂犬病予防注射を接種する義務（第5条1項）、犬を登録すると交付される"鑑札"と狂犬病予防注射が済んだことを届け出ると交付される"注射済票"を犬に装着する義務（第4条3項、第5条3項）などである。鑑札と注射済票は、

表5　動物の愛護及び管理に関する法律に規定される罰則

（飼い主の責任に関する内容）

① 殺傷	5年以下の懲役または500万円以下の罰金	
② ネグレクトを含む虐待	1年以下の懲役または100万円以下の罰金	
③ 遺棄	1年以下の懲役または100万円以下の罰金	

マイクロチップを入れていても装着しなければいけない。その他、ほとんどの都道府県の動物の愛護及び管理に関する条例では、公共の場では「犬にリードを装着すること」や「犬の排泄物を放置してはいけないこと」が定められている。

　猫の場合には、犬のように市区町村への登録の義務や予防接種の義務を定めた法律はない。ただし、一部地域の条例*3ではネコの登録や届け出を義務付けている場合もあるので、居住地域の条例を確認しておくとよい。また、「家庭動物等の飼養及び保管に関する基準（動物愛護管理法に関連するガイドライン）」の中で猫は「室内飼育に努めること」が明記されていることも知っておきたい。

3) 飼い主として意識したい公共のマナー

　法律に定められているかどうかにかかわらず、飼い主は飼育する動物が周囲の悪影響にならないように常に意識しておきたい。散歩等で屋外（公共の場）に出る機会の多い犬では、とくに重要なことである。よくあるのは「うちの子は大丈夫」という理屈である。例えば、「うちの子はどこにも行かないから大丈夫」は、放し飼いや公共の場でのノーリードにつながる。他には、「うちの子は犬が大好きだから大丈夫」は、相手の飼い主や犬に配慮しない"犬友達の押し売り"などにつながる。「大丈夫」なのは飼い主本人の主張であって、周囲のことを気にしていない理屈であることに気付いてほしい。世の中には、表6 のような様々な事情があることを想定しておきたい。最も大切なことは、ノーリードにしてよい場所か、相手

---

*3 例えば、鹿児島県奄美大島や沖縄県やんばる地域、長崎県対馬では、固有生物（アマミノクロウサギ、ヤンバルクイナ、ツシマヤマネコ）の保護のために猫の登録を義務付けています。他にも、静岡県の焼津市・三島市・島田市・藤枝市などは猫の登録制度があり、茨城県・千葉県・長野県・滋賀県・京都府・佐賀県などは10頭以上、石川県は犬猫合算で6頭以上の多頭飼育の場合に届け出るように義務付けています。

表6

犬の飼い主が公共の場で配慮を必要とする対象者

① 動物が嫌い・怖い人

② 動物アレルギーのある人

③ 他の飼い主とのかかわりを望まない飼い主

④ 人や犬を怖がる（威嚇・攻撃してしまう）犬を飼っているため
　人・犬とのかかわりを避けたい飼い主　　　　　　　　など

の飼い主・犬が受け入れてくれるか、など必ず確認することである。また、様々な事情から犬や人との接触を避けたい犬のリードなどに黄色いリボンを目印としてつける「イエロードッグプロジェクト」という活動があることも知っておきたい。

　リードを装着していれば、それだけでよいというわけではない。伸縮式リードのストッパーをかけていない場合やリードを付けていても犬が歩く方向に飼い主がついて行ってしまっている場合は、ノーリードに等しい状態であるため、改めなければいけない。また、集合住宅の共用部では、犬を抱き上げる・キャリーに入れるなど「床におろさない」ことがルールになっている場合もある。リードを装着していても、その場での適切な対応を意識しておきたい。

　その他、排泄物の不始末は当然マナー違反（場合によって条例違反）であるが、「排泄のさせ方」や「始末の仕方」にも注意を向けておきたい。まずは「散歩＝排泄の機会」という考え方を少し見直してみるとよい。例えば、室内でのトイレトレーニングが済んでいる犬であれば排泄を済ませてから散歩に行く、屋外で排泄する習慣がついている犬でも庭先など家の敷地内で排泄を済ませてから散歩に行く、などの工夫で「散歩＝コミュニケーションと運動の機会」に変更することができ、公共の場での排泄を控えることができる。もちろん、お散歩が適切なコミュニケーションと運動の機会になるためには、ある程度のトレーニングも必要になるため、その点については第8章2（6）を参照してほしい。次に、屋外で犬が排泄（と

【尿の洗い流しに実効性のある方法の一例】
アンモニアを中和し、消臭・除菌効果が期待できる溶剤が市販されている。
その溶剤を溶かした水で尿を洗い流すと多量の水でなくても効果が期待できる。

くに尿を）した場合、一般に広まっている「水で流す」という始末の仕方が常に適切であるか考えておきたい。側溝や土壌などに十分な量の水で流せば問題ないが、単に少量の水を尿にかけただけでは、尿を少し薄めただけで悪臭の原因となるアンモニアなどはその場からなくならない。それであれば、ペットシーツで吸い取るほうが望ましい。形式的に水をかけただけにならないように、実効性のある方法を選択したい。

(2) 周囲に波及する好影響

　動物の飼い主の一人ひとりが「適正飼養」を実践すれば、その動物と飼い主の日々の生活は豊かなものになるはずである。そして、そのような飼い主と動物は、近隣に悪臭・騒音などの悪影響を及ぼすことがないため、近隣トラブルのリスクも減る。むやみに繁殖することもないため、多頭飼育崩壊は起こらない。未不妊の動物が屋外に逃げ出し、あるいは捨てられて繁殖を繰り返すことで、地域住民に迷惑をかけたり、生態系を破壊したり、保護動物があふれかえったりすることもなくなる。そうなれば、動物愛護センターや動物保護団体は、真にやむを得ない事情や災害時の対応が中心になるため、一頭一頭の動物により手厚い対応が可能になる。そして、人獣共通感染症の蔓延を防止することにもつながるだろう。これは、あくまでも理想論だが、この好影響の波及は「ひとりの飼い主が適正飼養を実践するところからしか始まらない」ということは真実である。ぜひともひとりでも多くの飼い主が、この真実に目を向け、適正飼養を実践してくれることを願う。

　最後に、環境省では法律上のことも含めて飼い主の責任やルール、マナーに関する普及啓発用のパンフレットを複数作成している。環境省のHP （http://www.env.go.jp/nature/dobutsu/aigo/2_data/pamph.html）で公開されているので、動物を飼う前でも、飼った後でも、ぜひ一読していただきたい。適正飼養を始めるのは、本書を読んだ今からでも遅くはない。

参考文献

1) アダム・ミクロシ（著）／薮田慎司（監訳）／森貴久／川島美生／中田みどり（訳）（2014）イヌの動物行動学 行動、進化、認知 東海大学出版部.

2) Ádám Miklósi（2015）Dog Behaviour, Evolution, and Cognition Second edition. Oxford University Press.

3) アーダーム・ミクローシ（著）／小林朋則（訳）（2019）イヌの博物図鑑 原書房.

4) American Veterinary Society of Animal Behavior (2008) Position Statement on the Use of Dominance Theory in Behavior Modification of Animals. www. AVSABonline.org.

5) Bonnie V. Beaver（著）斎藤徹／久原孝俊／片平清昭／村中志郎（監訳）（2009）猫の行動学 - 行動特性と問題行動 - インターズー.

6) Denae Wagner, Sandra Newbury, Philip Kass, Kate Hurley (2014) Elimination Behavior of Shelter Dogs Housed in Double Compartment Kennels. PLOS ONE. 9(5), e96254.

7) Farm Animal Welfare Council (1992) FAWC updates the five freedoms. Veterinary Record. 131, 357.

8) 一般社団法人日本動物保健看護系大学協会カリキュラム委員会（編）（2019）認定動物看護師教育コアカリキュラム 2019 準拠 応用動物看護学 3 動物行動学・伴侶動物学・産業動物学・実験動物学・野生動物学 インターズー

9) John W.S. Bradshaw, Emily J. Blackwell, Rachel A. Casey (2009) Dominance in domestic dogs – useful construct or bad habit? Journal of Veterinary Behavior. 4, 135-144.

10) 環境省 動物の愛護と適切な管理 パンフレット・報告書等 http://www.env. go.jp/nature/dobutsu/aigo/2_data/pamph.html

11) Michael C. Appleby, Joy A. Mench, I. Anna S. Olsson, Barry O. Hughes（編著）／佐藤衆介／加隈良枝（監訳）（2017）動物福祉の科学 緑書房.

12) サラ・ブラウン（著）／角敦子（訳）（2020）ネコの博物図鑑 原書房.

13) 佐藤衆介／近藤誠司／田中智夫／楠瀬良／森裕司／伊谷原一（編）（2011）動物行動図説 - 家畜・伴侶動物・展示動物 - 朝倉書店.

14) 上田恵介／岡ノ谷一夫／菊水健史／坂上貴之／辻和希／友永雅己／中島定彦／長谷川寿一／松島俊也（編）（2013）行動生物学辞典 東京化学同人.

幸せに暮らすための動物のトレーニング

動物と幸せに暮らすためには、動物が人との生活に適応できるように導く必要がある。そのために動物に様々な学習をさせることがトレーニングである。とくに人とのコミュニケーション能力に優れている犬猫は、人と生活環境を共有することが多く、その分トレーニングの重要性も高まる。この章では、主に犬と幸せに暮らすために必要なトレーニングについて述べる。なお、「しつけ、訓練、トレーニング」は便宜的な違いを説明されることもあるが、"人が意図的に動物を学習させる"という意味で違いはない。本書では、その意味で「トレーニング」に統一して述べる。

1 動物との関係づくり

(1) "保護者" としてのリーダーシップ

個人的には飼い主に『犬に対してリーダーシップを発揮してください』とは言いたくない。できるだけ違う言葉で表現したい。その理由は、前章で述べた上下関係神話にある。飼い主は「リーダーシップ」と聞くと、すぐに犬との間の "順位付け" を意識してしまい、「どうしたら犬の上に立てるのですか？」や「やっぱり厳しく叱ったり、言うことをきかなければ叩いたりしなければいけませんか？」などと質問が飛んでくるからである。逆に「犬は人との間に序列を形成しない」ということを伝えると、「じゃあ、

リーダーにならなくていいんですか?」と聞かれることもある。つまり、一般的には『リーダーシップ＝強制的な圧力で相手の上に立つこと』と理解されているのである。

アメリカ獣医動物行動研究会（AVSAB；American Veterinary Society of Animal Behavior）は、2008年に動物の行動変容（トレーニング）に対してDominance Theory[*1]（優位理論あるいは支配理論）を用いることについて見解を出している。その中で、犬だけでなく他の動物についても、その行動上の問題（とくに攻撃性）の原因を"順位付け"に結び付けるという誤った解釈から、強制的に動物を服従させることで解決しようとすることには大きな問題があることを指摘している。そして、"Dominance"と"Leadership"が同義ではないことも明記されている。

犬の飼い主に必要なリーダーシップとは…
○：保護者として犬の生活をリードする
×：支配者として犬を力でねじ伏せる

望ましいリーダーシップとは、人と犬（その他の動物も）が協調的な生活を営めるように、積極的に導くことである。つまり、力でねじ伏せる"支配者"ではなく、"保護者"として生活をリードすることを意味する。その中身は、科学的な根拠にもとづく動物福祉的な方法で、望ましい行動を増やし、望ましくない行動が起こらないように予防し、人と犬が円満に生活するために必要なルールを教えていくことである。このように、犬の飼

[*1] Dominance Theory は、動物の順位制 (Dominance hierarchy) に基づいて人と動物の関わり方を方向づけている理論です。動物の順位決定の主な方法が戦いの勝敗であり、動物は戦いに勝って自分の地位を高めるために努力をするという前提から、人は動物に対して支配的にふるまうことで強制的に服従させなければ良好な関係を築くことはできないとされています。あたかも動物の社会が闘争によってのみ成立しているような誤解のある解釈であり、平和的な調和により成立する側面を完全に見落としています。

い主にリーダーシップは必要なのだが、意味が適切に伝わるように『"保護者"として生活をリードしてください』と伝えている。

(2) ノンバーバルな世界

コミュニケーションの一環として、愛犬・愛猫に語りかけることは、決して悪いことではない。ただし、そこに誤解があったり、過度になったりすると問題が生じることも事実である。例えば、愛犬の行動上の問題について相談を受けているときに、「言い聞かせたり、説得したりしているのになかなか成果が出ない」と真剣に訴える飼い主に出会うことは、それほど珍しいことではない。しかし、成果が出ないのは当然の結果である。家族の一員として擬人的に捉えてしまうことや、「通じればいいな」という願いをもつ気持ちは理解できるが、良好な関係を築き、効果的にトレーニングするためには、ヒトとイヌやネコの動物種としてのコミュニケーション方法の違いを理解しておくことは重要である。

ヒトは、言語を使用する『バーバル・コミュニケーション（言語的コミュニケーション）』が発達している動物である。人が話しかけたとき、犬や猫などの動物は何かしらの応答をしてくれるが、人の言語（語彙や文法）を理解しているわけではない。イヌやネコは『ノンバーバル・コミュニケーション（非言語的コミュニケーション）』が得意な動物であり、人が発するバーバル・コミュニケーションに付随しているノンバーバルな要素に応答しているのである。つまり、犬や猫は人が何を言っているのかという「言葉の内容」に注目しているのではなく、人の行動とその関連刺激に注目して判断しているのである（【詳しい解説1】参照）。そのため、犬や猫に対しては動作や表情、声の出し方などのノンバーバルな要素を意識してコミュニケーションしてあげたい。また、人は犬猫のボディランゲージなどを学ぶことができるため、彼らの行動を観察して理解してあげられるようにしたい 図1 。

図1

犬猫の基本的なボディランゲージ

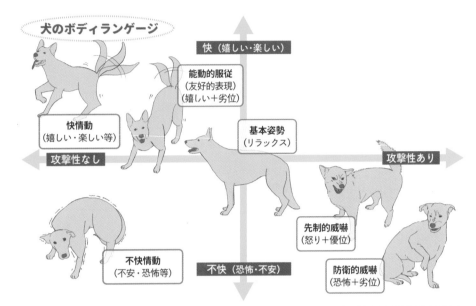

犬のボディランゲージ

快（嬉しい・楽しい）

能動的服従
（友好的表現）
（嬉しい＋劣位）

快情動
（嬉しい・楽しい等）

基本姿勢
（リラックス）

攻撃性なし

攻撃性あり

先制的威嚇
（怒り＋優位）

不快情動
（不安・恐怖等）

不快（恐怖・不安）

防衛的威嚇
（恐怖＋劣位）

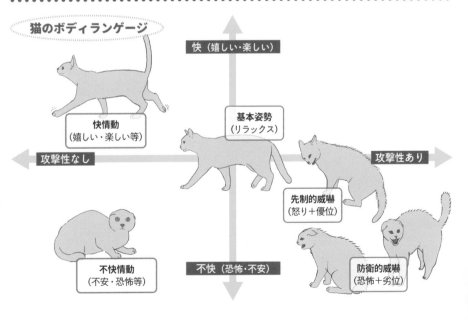

猫のボディランゲージ

快（嬉しい・楽しい）

快情動
（嬉しい・楽しい等）

基本姿勢
（リラックス）

攻撃性なし

攻撃性あり

先制的威嚇
（怒り＋優位）

不快情動
（不安・恐怖等）

不快（恐怖・不安）

防衛的威嚇
（恐怖＋劣位）

【詳しい解説1】

　イメージしやすいように、例をあげて解説します。例えば、家に帰ってきたら犬がラグマットを噛み千切っていました。その際に飼い主が「誰がやったの！どうしてラグを噛み千切るの！」と怒鳴りながら犬に詰め寄ったら、犬は部屋の隅に移動して伏せて上目づかいで飼い主を見上げたとします。飼い主は、このような場面を「いたずらを叱ると、悪いことをしたことが分かっていて、反省した顔をしている（＝言葉の内容が通じた）」と理解することが多いです。しかし、実際には飼い主の発する言語を理解している犬はいません。ましてや、「次からはラグを噛み千切らないようにしよう」などと考える犬もいません。

　犬が理解することは、ノンバーバルな要素から伝わる、「飼い主が攻撃的な態度で接近してくる」ということです。それが "なぜか？"
という理由は、分からなくて混乱していることが多いです。つまり、突発的に攻撃的な態度を示す飼い主から逃げて、様子を見ているだけなのです。このときに、飼い主の手などを舐める犬もいて、それを「ごめんなさい」の表現だと勘違いされていることがしばしばあります。実際には「怖いので少し落ち着いてもらえませんか？」という不安を相手に伝えてなだめようとする表現ですから、事情をよく理解できていない犬を不安にさせているのだと覚えておきたいですね。

【バーバル・コミュニケーションに付随するノンバーバルな要素】

・**ボディランゲージ**：身振り、姿勢、表情　など

・**空間的間合い**：パーソナル・スペース　など

・**身体的な接触**：なでる、叩く　など

・**身体的特徴**：体格、体臭　など

・**パラ言語**（音声言語に付随する要素）：声の高さ、大きさ、リズム　など

第8章　幸せに暮らすための動物のトレーニング

ちなみに、犬や猫は人が発する音声を言語として理解できないだけであり、"音"としてコミュニケーションに活用することは可能である。「イイコ」などの褒め言葉は、学習させることで快情動（ポジティブな感情）を引き起こすことができるし、「オスワリ」などの指示語（コマンド）は、学習させることで特定の行動の合図にすることができる。

（3）飼い主に対する適切な注目

　犬の問題行動に対応するときに、多くのケースで目の当たりにするのは「飼い主が名前を呼んでも犬が反応しない」、「飼い主が犬とアイコンタクトをとれない」ということである。日々生活を伴にしているはずの飼い主が愛犬の名前を呼んでも反応してもらえず、アイコンタクトもとれないというのは、良好な関係性が築けていない証拠であるが、そのことに気付いている飼い主は少ない。なぜなら、重要なときに名前に反応せず、アイコンタクトもとれないにもかかわらず、飼い主の後を四六時中追いかけ回している犬もたくさんいるからである。これは、重大な問題であり、真っ先に改善する必要がある。それは、人と犬が協調して動くためには、名前を呼んで反応が得られることと、親和的にアイコンタクトがとれることは欠かせないことであり、そのことが動物福祉に配慮したトレーニングの原点になるからである。そもそも、名前に対する反応や親和的なアイコンタクトは、日常生活の中で自然と学習されることが多いため、本来は特別なトレーニングを要するものではない。しかし、効果的に学習させるための"コツ"はあるので知っておきたい。

　語彙の分からない犬にとって名前は"単なる音"であり、人の名前のように自らのアイデンティティを示すものではない。犬は名前を「自分に関連のある出来事が起こる合図」として学習するのである。ここで重要なことは、「良い出来事」と「悪い出来事」のどちらの合図にもなり得ると

いうことである。多くの場合、「○○ちゃん、ご飯だよ」や「○○ちゃん、お散歩行くよ」などと日々声をかけていると、食事や散歩など犬にとって嬉しいと思える出来事の合図として学習される。名前を呼ばれたら良い出来事が起こることが繰り返されれば、やがて名前を聞くと嬉しくなる（快情動が起こる）ようになり、素早く飼い主に注目するようになる（条件性情動反応：詳しくは【お勉強コーナー1】を参照）。しかし、「コラッ！○○！ダメでしょ！」や「○○！うるさい！」などと叱る場面でも名前を使うと、名前は嫌な出来事の合図としても学習される。これが繰り返されると、名前を聞くと不安になる・怖がる（不快情動が起こる）ようになり、素早く飼い主を警戒するようになる。もちろん、犬は人の声のトーンなどで聞き分けて学習することもあるが、曖昧なトーンで名前を呼ばれたときに反応が鈍くなったり、葛藤が起こったりする。つまり、犬の名前を呼んだら、「（犬にとって）良い出来事」のみと結び付けてあげることが大切である。

名前は、良い出来事・悪い出来事のどちらの合図にもなり得る…
○：良い出来事のみと結び付けたい
×：叱るときには使わない

　本来、親和的な関係性にない動物間のアイコンタクトは、敵意の表現として作用する場合が多い。とくにウサギなどの被捕食動物の目を凝視することは、警戒反応を引き起こす原因となる。しかし、犬の場合は、特別な事情のある個体を除けば、人からのアイコンタクトを親和的に受け入れることそのものは比較的容易である。それは、犬が飼い主からの注目を求める動物だからである。日々の生活で、食事を与えるとき、お散歩に行くとき、なでてあげるときなど、目が合ってから楽しいことが始まると自然とアイコンタクトがとれるようになる。ところが、飼い主が犬に注目を向けすぎていると、犬から飼い主に向けられる注目は減っていくことを知って

おきたい。つまり、犬をかまいすぎたり、要求に応じすぎたりしないことが大切である。犬の要求行動への対応に関する詳細は第8章2（3）の項目を参照されたい。

こんなとき犬から飼い主への注目が減る…
- **常に飼い主と一緒にいて、絶えず声かけや抱っこなどをされている**
  → **「飼い主」という刺激に対して飽和**[*2]**を引き起こす（能動的な注目が減弱）**
- **犬自身のタイミングで飼い主に要求**[*3]**すれば願いがかなう**
  → **飼い主からのアプローチは犬にとって無意味になる（受動的な注目が減弱）**

　もし、名前に対する反応やアイコンタクトを日常生活中でうまく学習できていない場合は、特別にトレーニングをする必要がある（【詳しい解説2】参照）。犬が飼い主からのアプローチに対して適切に注目できるようになれば、その後のトレーニングを効率的に進めることができる。ちなみに、人に対して注目しない犬にショックを与えてトレーニングすることで、人に注目するようになることがある。これは、人の動きに警戒（注目）していないと安心できないためである。基本的に人との間に緊張度の高い関係性を築く方法なので、お勧めしない。

[*2] 飽和とは、本来欲求の対象となる特定の刺激が十分に与えられた状態を意味します。つまり、「もう十分だから要らない」という状態です。なお、意図的に動物を飽和状態にすることを「飽和化（Satiation）」、逆に与える刺激を制限して欲求を駆り立てることを「遮断化（Deprivation）」といい、トレーニングの場面で用いることもあります。

[*3] 犬が人に対して要求を示す行動（いわゆる要求行動）には、様々なバリエーションがあります。吠える・鼻を鳴らすなどの発声、前肢で引っかく、人の手や足を咥える、服を引っ張るなど積極的なアピールで人が困りやすい行動から、人の顔を見つめる、人の近くに来て座る・伏せるなど消極的なアピールで人が許容しやすい行動まで幅広く、どの行動を選択しやすいかには個体差があります。消極的なアピールは、飼い主が「賢い」と理解していることも多く、「常に犬の要求に応じてしまっている」という状況に気づくことができない原因になるため、要注意です。

【詳しい解説2】

　名前を呼ばれたときの犬の反応をよくするためには、名前の音に対する快情動の条件性情動反応を形成することが手っ取り早いです。簡単に言えば、「名前を呼ばれたら嬉しくなる」という条件反射を学習させるということです。学習の原理は古典的条件づけですから、『名前の音（例えば、ランちゃん）』と『食物』を犬に対提示します【専門用語はお勉強コーナー1を参照】。要点を右の図に示します。

　上記の名前に対する反応のトレーニングは、アイコンタクトのトレーニングにつなげることができます。名前を呼んで食物を与える対提示を続けていると、そのうち犬が自発的に人の顔を見上げるようになり、目が合うようになってきます。そうなる頃には、名前に対する反応はかなりよくなっているはずですから、『ランちゃん⇒（アイコンタクト）⇒食物』のように目が合ってから食物を犬の口に入れるように移行していきます。要点を次ページの図に示します。アイコン

point 01　食べ物は見せびらかさずに手に握ります。

point 02　先に名前を呼んでから食物を与えます。

ランちゃん

NG!!

いい子だね〜！　？？？　こっちむいて〜　もう一回してみて　オスワリして！

この時に、余計な刺激は厳禁。名前以外の刺激になる言葉は使わないようにしましょう。

point 03　1回に「名前を呼ぶ→食べ物」を10セットは繰り返します。1日に複数回（朝夕など）取り組みます。

ランちゃん

1セット

2セット

3、4・・・10セット

タクトのトレーニングとして、食物などの犬の興味をひくもので犬の視線を誘導して目を合わせる方法が紹介されていることがありますが、それでは学習効果が低いのでやめたほうがよいです。ほとんどの場合、犬の意識は食物などの興味をひくものから離れないので、一見して目が合っているように見えても犬自身に人とアイコンタクトをとっている意識はありません。ハンドサインやコマンドの合図で人の目の辺りに視線を向けるようになるとは思いますが、本質的なコミュニケーションとしてのアイコンタクトが成立している可能性は低いです。

　最後に、名前に対する反応もアイコンタクトもトレーニングの場面だけでなく、しっかりと日常生活に取り入れていくことが大切です。犬にとって嬉しいこと、楽しいことをしてあげる場面では、必ず名前を呼び、アイコンタクトをとってからスタートすると、人・犬ともにオキシトシンの分泌が促され良好な関係性を築いていけるようになります。

point 01
食べ物は見せびらかさずに手に握ります。

point 02
犬が自発的に目を合わせた時に食べ物を与えます。
目を合わせるまで根気よく待ちましょう。

NG!!

この時に、食べ物を握った手を犬の目と自分の目の間の視線上に置かないようにしましょう。

NG!!

ほら、眼を見て！

『ほら、眼を見て！』など余計な言葉かけもいりません。

2 子犬を飼うと直面しやすい問題と解決トレーニング

この項では、子犬を飼いはじめたときに直面しやすい問題と、その解決トレーニングについて述べる。トレーニングに関連する、学習理論等の理論的な背景部分は【お勉強コーナー】に詳述してあるので参照してほしい。

子犬を飼うと直面しやすい問題と解決トレーニング

① "トイレ"の前に"寝床"から

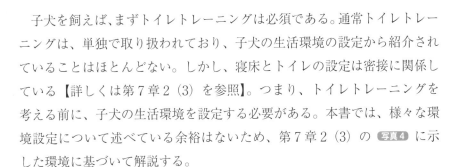

子犬を飼えば、まずトイレトレーニングは必須である。通常トイレトレーニングは、単独で取り扱われており、子犬の生活環境の設定から紹介されていることはほとんどない。しかし、寝床とトイレの設定は密接に関係している【詳しくは第7章2（3）を参照】。つまり、トイレトレーニングを考える前に、子犬の生活環境を設定する必要がある。本書では、様々な環境設定について述べている余裕はないため、第7章2（3）の 写真4 に示した環境に基づいて解説する。

犬は寝床とは明確に異なる場所を排泄場所に選ぶ。明確に異なるとは、寝床とトイレの区画が分かれていたり、距離が離れていたり、段差があったりすることである。簡単に言えば、子犬が気に入る寝床を定めれば、トイレは逆算できるということである。子犬が気に入る寝床とは、快適で安心できる場所である。室温の調節ができていることを前提として、周囲を適度に目隠しした場所にフカフカのベッド（感触の良いベッド）を設置する。そして、その環境を確実にお気に入りにするためにクレートトレーニング（【詳しい解説３】参照）をすることが必要である。お気に入りの寝床が定まれば、あとは子犬の生活範囲の中で、寝床から遠く、区切られた位置にトイレを設定すれば、子犬が排泄場所として選択しやすくなる。

子犬が選択しやすい位置にトイレを設定しても、失敗の可能性を見越した対策は必要である。まずは、床面に防水性（撥水性）のマットやシートを敷いておくとよい。当然、子犬に破壊されにくい物を選ぶ必要がある。全面にペットシーツを敷き詰めることは推奨しない。子犬が破くだけでなく、舌についてしまった吸水ポリマーを吐き出すことができずに不可抗力で飲み込む危険性が高く、場合によってはペットシーツそのものを飲み込んでしまうこともあるからである。同じ理由で、トイレトレーはメッシュ付きでペットシーツの破壊を抑止できるものを推奨する。もし、排泄を失敗しても"絶対に叱ってはいけない"。叱られたことに対する犬自身の解

【詳しい解説３】

　本書では、「クレートトレーニング＝指示をしてクレートに入れるトレーニング」とは位置付けていません。クレートトレーニングは、犬を休憩させたい場所をお気に入りにさせるトレーニングだと考えています。つまり、入る対象はクレートでなくてもペット用ベッド、サークル、マットなど何でもよいのです。重要なことは、犬自身が自発的に選択して入ることです。クレートトレーニングの方法や要点を 図2 に示します。クレートの中で"宝物探し"をして、美味しいものを食べることは、クレートの中に入ると喜びなどの快情動を引き起こすことにつながります。この学習によって犬はクレートの中を安心・安全な場所として選択するようになるのです。

図2

事前セッティング

①クレートの中は毛布などでフカフカにする
②フカフカの中に5mm角程度にちぎった食べ物を散りばめる
③クレートの扉は外しておく

| point | ・食べ物は嗜好性の高いものを使うとよい
・セッティングは犬に見られないように注意 |

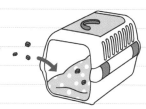

【トイレトレーニングのポイント】

・トイレの位置は寝床から離す
・ペットシーツの破壊や飲み込みを防ぐ対策をする
・適切に排泄できたら褒めて食べ物を与える
・排泄を失敗しても絶対に叱らない
・排泄物の片付けは淡々とする（じゃれつく犬の相手をしない）
・いきなり行動範囲を広くし過ぎない　など

釈次第ではあるが、人の目を避けて排泄をするようになるか、排泄の失敗を繰り返すようになるか、のどちらかである。失敗しても無反応でしばらく放っておき、後でしっかり消臭・除菌して片付ければよい。片付ける際には、犬にじゃれつかれないように注意する。

①セッティングしたクレートを犬の生活空間に置き、宝物探しをさせる

point｜自発的に食べ物を発見させて、自ら中に入らせる

あれ？何か入ってる！

繰り返すと自ら中に入って休むようになる

なんかこの中好きかも♪

NG!! 声をかけて誘導してはいけない

ほら！おやつ！入ってごらん

②犬がクレート内で休むようになったら扉を閉める練習を行う

point｜・扉が閉まる方が得をすることを学ばせる
・食物を要求して吠える時は放っておく

わーーい!

食べられる

うーーん

食べられない

OPEN

安心・安全な場所はストレスの軽減にも役立つ

NG!! クレートの中で犬に嫌な思いをさせてはいけない

悪い子！反省しなさい!!

第8章　幸せに暮らすための動物のトレーニング

失敗への対策ができていれば、あとはトイレトレーでの適切な排泄を増やせばよい（正の強化：詳しくは【お勉強コーナー1】を参照）。寝起き、飲食後、遊びなどの興奮後など、排泄しやすいタイミングを知り、愛犬の排泄サイクルを記録・把握しておくと適切な排泄行動を強化しやすい。子犬は成犬に比べて排泄回数は多いが、それでも1日の回数は限られるため、できるだけ適切な排泄場面を逃さずに褒めて、美味しい食べ物を与えて強化したい。サークルから出して遊ばせたい場合は、サークル内で排泄を済ませてから出すとよい。トイレトレーニングが十分にできていれば、サークル内に戻って排泄をしてくれる。しかし、トイレトレーニングが十分にできていない間は、サークルから出したときの行動範囲をいきなり広くし過ぎたり、長時間出し続けたりすれば、当然排泄を失敗するリスクは高まるため要注意である。トイレトレーニングが十分にできるまでは、人がサークル内に入って遊んであげることもひとつの方法である。そのためにも、第7章2 (3)（p.145）の 写真1 のように十分な広さのサークルを推奨する。

② 子犬を飼うと直面しやすい問題と解決トレーニング
"甘噛み" は "咬みつき" のはじまり？

　子犬が人の手や足を噛む、いわゆる "甘噛み*4" は程度の違いはあれども、飼い主がほぼ100％直面することである。「甘噛みは（攻撃的な）咬みつきのはじまりであり、許容してはいけない」と言われることがあるが、これは "半分本当・半分嘘" である。「許容してはいけない」というのは本当だが、「甘噛みは咬みつきのはじまり」ではない。むしろ「甘噛みへ

*4 「甘噛み」は俗称であり、動物行動学の専門用語ではありません。「甘噛み」という表現は、多くの場合は子犬や子猫などが人の手や足を噛む現象のうち軽度のものを意味して使われます。色々な物を噛んでいることにも拡張して使われる場合もありますが、それは不適切だと思うので本書では前者の意味で使います。なお、本書では攻撃の意図を伴わない "かみつき" を「噛む」、攻撃の意図を伴う "かみつき" を「咬む」と書き分けます。

の対応の間違いが咬みつきのはじまり*5」となることが多々ある。

そもそも、飼い主がほぼ100％ "甘噛み" に直面するのは、子犬が人の手や足に噛みつく原因のほとんどが「遊び」だからである。犬同士の遊びでは、お互いに身体を噛む行動が含まれる。それは、人との遊びの中でも発現する行動であり、主に動いている手や足が噛まれる対象となる。噛む目的は「遊び」であり、それが「攻撃的な咬みつき」に直結することはない。ただし、人は犬同士のように「噛みつく強さの加減」を適切に教えることは困難であるため、相手を傷つけない噛みつき加減が分からずに、人の手や足が傷ついてしまうことはある。そのため、最初から人との遊びに「噛みつく」という行動を持ち込まないようにルールづけることが必要である。これが「許容してはいけない」ということであり、遊びであっても飼い主以外の人の手などを噛むことを防ぐことにもつながる。

飼いはじめた最初から取り組めば、ルールを教えることは、それほど難しいことではない。「噛む」という行動に対して遊びに応じなければよいだけである。基本的には、遊びの興奮が高まるにつれて、人の手などを噛もうとする行動が起こり始めるので、「口を開けて噛もうとしたら動きを止める（遊びを中断する）」だけでよい（要点は 表1）。つまり、完全に相手にしないということである。そうなれば、子犬は遊ぶ目的を阻害されるので、興奮度は下がり、落ち着いてくる。落ち着いてきたら、また遊びを再開してあげて、また噛みつこうとしたら遊びを中断することを繰り返す。

*5 子犬の甘噛みへの対応には、「怒鳴って叱る」、「鼻先を叩く」、「マズルを強く握る」、「喉の奥に指や拳を突っ込む」、など恐怖や嫌悪で止めさせようとするものが多く、いまだに動物に携わる立場の人が勧めている現状もあります。当然、前述（第7章）のアルファロールオーバーやマズルコントロールも含まれており、これらの方法により子犬が人からの恐怖や嫌悪を体験する入り口になっている場合も多いです。そして、そのことが直接的・間接的に攻撃性を引き起こす原因にもなっています。

犬の甘噛み（じゃれ噛み）への対応の要点

① 確実に手足など身体の動きを止める

② 声を出さず、犬に視線を向けない

③ 極力、実際に噛む前に遊びを中断する

この「繰り返し」も大切である。よく「噛んだらサークル（ケージ）に戻す」という遊びの中断の仕方が紹介されているが、これは「噛もうとする⇒遊びが中断する」という経験の"連続的な繰り返し"に乏しいため非効率的である。一連の遊びの中で、遊びの中断と再開を連続的に繰り返すほうがはるかに効率的である。ただし、噛みつかれてとても痛い場合は、無理に我慢せずにその場を立ち去るほうが安全である。

　なお、飼い主から"甘噛み"と表現される"かみつき"の中には、本当に嫌で咬んでいることが混じっている場合がある。例えば、肢先を持った時に歯を当てる場合は、肢先を触られることが嫌で歯を当てたと考えてよい。子犬なので軽い嫌がり方で済んでいるが、将来的には強い攻撃性を発現する危険性もあるので、要注意である。この場合、遊びでじゃれて噛んでいることとは対応が異なるので、第8章2（5）を参照してほしい。

【はじめが大事】

・「この程度の噛みつきならいいだろう」と積極的に遊びに応じる

・噛みつかれることを嫌がって動き回る（犬にとっては遊びに応じている状態）

 遊びのためにじゃれつく噛みつきが酷くなる

噛みつきが酷くなっても対応方法の原則は変わらないが改善は難しくなる

・酷くなると噛みつく力が強くなる ➡ 相手にしないための我慢をしにくい

・人の反応が得られないことに対する諦めが悪くなる ➡ しつこく噛む

③ 子犬を飼うと直面しやすい問題と解決トレーニング

要求と注目獲得の恐るべき執念

　子犬はお世話をしてもらわないと生きていけない存在である。子犬を飼うと、お腹が空いたとき、ひとりになって不安なとき、サークルから出たいとき、などに鼻を鳴らしたり吠えたりする場面に遭遇することが多い。これが典型的なアピール（要求を示す行動）のスタートである。動物であるからには“欲求”があり、それを求めるためにアピールすることは自然なことである。とくに子犬が相手だと、可哀想な気持ちや心配な気持ちから飼い主はついついアピールに応じてしまいがちになる。しかし、アピールすることで望みが叶う経験をすると、子犬は自発的なアピールを繰り返すようになることは明白である（正の強化：詳しくは【 **お勉強コーナー1** 】を参照）。前述の通り、要求を示す行動には多様なバリエーションがあり、吠えなどのように人が困る行動も多い【第8章1 (3) ＊3 を参照】。困る行動を増やさないためには、『アピールに応じない』ことの徹底が鉄則である。これは、行動に対する結果が生じないことで、その行動をしなくなる『消去』を狙うものである。「望みを叶えてあげないのは可哀想じゃないですか？」とよく聞かれるが、犬自身が自発的なアピールを諦めてから、飼い主側からのアプローチで望みを叶えてあげればよいのである。犬が自発的にアピールすることは、たいていの場合とても欲求の強い内容である。だからこそ、一度でも二度でも自発的なアピールによって望みが叶えば、人の想像以上

犬のアピールに応じないとは…

① 犬に対してまったく関心を向けない（見たり、声をかけたりしない）
② 犬が完全に諦めてアピールを止めるまで無関心を続ける

《そこに犬は居ないと思うぐらいの無関心が良い》

図6

消去バーストの仕組み

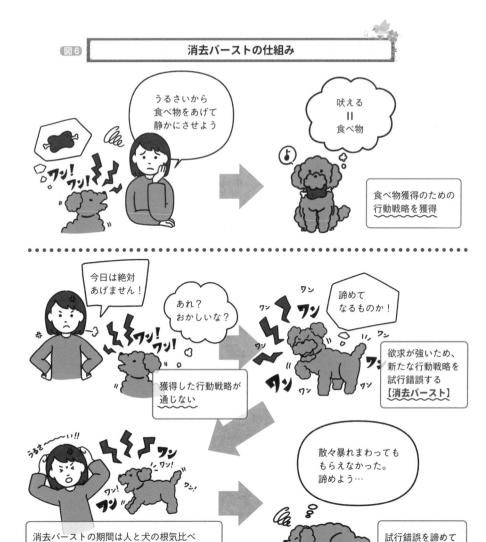

の執念で繰り返すようになることが多いので、強化される（行動が増える）前に消去したい。

　要求を示す行動が一度強化されて酷くなってしまうと、消去することが大変になる。例えば、吠えてアピールすれば食べ物をもらえると学習した

犬は、飼い主が吠えても食べ物を与えない対応をし始めると、これまでよりも激しく吠えることがある。これは、何度も成功体験のある"吠える"行動が通じないときに、再度食べ物をもらうために犬が今までやっていた行動を強く・頻繁に起こす（あるいは"服を噛んで引っ張る"など他の行動を試す）ことで試行錯誤する過程である。これが『消去バースト』と呼ばれる一過性の悪化*6である　図6　。悪化は一過性であるため、犬が試行錯誤を諦めれば、いずれ行動は消去されるのであるが、それまでの期間は飼い主が我慢を強いられることになる。飼い主が我慢する期間は、犬の諦めにくさ（消去抵抗*7）による。この過程の中で絶対にやってはいけないことは「根気負け」である。激しくなった吠え声に耐えかねて食べ物を与えてしまうと、吠え声は激しくなった状態で維持されてしまうからである。やはり、"アピールに応じない"ことの徹底が鉄則である。

　子犬は、明確な要求がなくても、飼い主の注目そのものを獲得したいという欲求ももっている。保護者である飼い主の関心が自分に向くことは、子犬にとって養育の充実（資源の獲得や退屈の解消など）につながるからである。そのため、飼い主の反応が得られる行動は増えやすい。このことが困る結果につながる理由は、「やめてほしい行動＝飼い主が反応してしまう行動」だからである。子犬が"いい子"にしているときは反応せず、"いたずら"をしはじめると「ダメ！」「やめて！」などと声をかけて近づいて触る*8と、子犬は飼い主に反応してもらえ

---

*6　一過性の悪化である「消去バースト」を知らないと、飼い主は「教わった対応策が逆効果になった」と考えてしまいます。適切であるはずの対応を止めてしまう原因になるので、「消去バースト」という現象は必ず理解と覚悟をしておいてください。とくに教える立場の人は必ず飼い主に説明をしてください。

*7　『消去抵抗』とは、学習の消去の起こりにくさのことです。この場合は、犬が試行錯誤を簡単に諦めてくれる場合を「消去抵抗が低い」、なかなか諦めてくれない場合を「消去抵抗が高い」といいます。この消去抵抗の高さは、これまでの学習経緯や個体の性格的特徴などによって左右されます。

*8　"いたずら"に対して体罰等の子犬が恐怖を感じる行為で反応した場合は、「どんどん増える」ということはありません。しかし、「人に対する恐怖を学習する」という結果にはつながるので、その他の問題が生じる危険性が高いため勧めません。

る"いたずら"をどんどんするようになる。この点も前述の要求を示す行動と同様に一度強化されてしまうと消去が大変になる。主な対応策は、『困る行動は徹底して相手にしない（消去する）』ことである。

飼い主の気をひきたい犬の恐るべき執念

　岡本家のルッコラくん（仮名）は、コイケルホンディエの男の子で、7ヵ月齢になる頃に（一度は落ち着いていた）じゃれ噛みや物を噛む行動が再び増え始め、要求を示す吠え（いわゆる"要求吠え"）もするようになりました。子犬は6ヵ月齢を過ぎる頃になると、人との社会行動を調節するために、人の反応を試すような行動をしはじめます。ルッコラくんも例にもれず、それが起こったのですが、ここから岡本さんはルッコラくんの諦めの悪さ（消去抵抗の高さ）と学習能力の高さに翻弄されることになります。ルッコラくんが凄まじい執念を発揮したのは、『どうすれば飼い主さんの気をひけるか』という点です。もちろん岡本さんの「ルッコラくんの困った行動は相手にしない対応」が完璧ではないから行動が増えるのですが、この事例では岡本さんの対応は大筋では適切にできているのです。それでは、なぜルッコラくんの行動が悪化していったのでしょうか。それは、ルッコラくんが岡本さんの微細な反応（目の端で追う、鏡越しに見るなど）も見逃さない犬だったからです。

　そこで「ルッコラくんを全く気にしない」というだけでなく、「飼い主さんの気をひきたい」という凄まじい欲求をトリック（芸）のトレーニングで満たしてあげることを提案しました。案の定、学習能力が高く、人からの注目を求めるルッコラくんは、トレーニングを楽しみ、トレーニングの後には自らおとなしく休息しはじめました。日々の生活上で困らなくなるためには、もう少し時間はかかるでしょうが、ルッコラくんの問題行動は改善に向かっています。

　このように、人の注目を獲得することや要求のアピールに人の想像を超える恐るべき執念を発揮する犬がいます。そのような犬の多くは学習能力が高いですから、そのような犬の飼い主になった場合は、"ワンランク上の対応"を求められることを覚悟しなければいけません。岡本さんは、ルッコラくんに向き合う中で「真に相手にしないとはどういうことかやっと分かってきました」とおっしゃっていました。

注目獲得行動に対しては、徹底的に相手にしないことに加えて…

① **望ましい行動**（おとなしくしている、おもちゃでひとり遊びをしている など）
をしているときに声をかけるなどして**注目してあげる**

② **噛まれて困る物・危険な物**などは犬の生活環境から**取り除く**（注意を向けざ
るを得ない状況を作らない）

③ 散歩や遊びを通して**十分なコミュニケーション機会を作る**（欲求の軽減）

《新たに注目獲得のための困った行動が増えないようにする》

諦めのよい子犬であれば、それほど苦労しないかもしれないが、諦めの悪い子犬の要求と注目獲得の執念は凄まじいものがある（前の事例参照）。飼い主が後手に回って犬に操縦されないように要注意である。犬自身がもつ特徴が手ごわい場合、専門家の指導を受けることが不可欠であろう。

④ STOP！ 破壊、誤飲・誤食、食糞

子犬を飼うと直面しやすい問題と解決トレーニング

子犬は"必ず物を噛み壊す"ということを想定して飼わなければいけない。それは、子犬にとって物を噛む行動は、未知のものを調べて知るための行動（探査行動）の一環だからである。そして、噛み心地の良いものや噛むと変化のあるもの（破れる、伸びる、凹むなど）は、"おもちゃ"として認識され、ひとり遊び（個体遊戯行動）の対象物となる。また、退屈などのフラストレーションから、ペット用ベッドなどを噛んで振り回したり、自分の行動を制限しているサークルの柵などを噛んだりすることもある（葛藤行動）。

このように、子犬が物を噛み・咥え、壊してしまうということは、当たり前のように起こることである。このこと自体も飼い主にとって困る行動ではあるが、その先にもっと危険で困る行動が起こることがある。それが、

表2	犬の誤飲・誤食の原因

① 不可抗力で起こる場合
- 舌に絡みついたものを吐き出せずに飲み込んでしまう
  （破壊したペットシーツの吸水ポリマー、段ボールの破片、タオルの繊維 など）
- 小さなものが舌の奥まで入ってしまい嚥下反射で飲み込んでしまう
  （ペットボトルのキャップ など）   など

② 意図的に起こる場合
- 飼い主の気をひく手段（注目獲得行動）
- 気に入った物を飼い主に奪われることを避ける手段
- 飼い主に叱られることを避ける手段

③ ストレスに起因する場合
- 欲求不満や不安を原因として、物を噛み壊したり、飲み込んだりする
  （正常な行動ではないが、犬にとってはストレスの緩和手段の一種）

④ 異常な食欲に起因する場合
- 極めて稀であるが、異常な食欲に基づく空腹感の緩和手段
  （異常な食欲そのものは、何かしらの疾患に起因している）

"誤飲・誤食* 9"である。犬の誤飲・誤食の原因を 表2 に示す。いずれにせよ、犬が消化吸収できないものを飲み込むため、最悪の場合は消化管の閉塞を起こして死に至ることもあり、大変危険である。

　危険だとはいうものの、子犬を飼いはじめた当初から子犬が物を壊し、飲み込むことを恐れて生活環境中に何も置かないというのは間違いである。何も入っていないサークルの中に子犬だけを入れたのでは、動物福祉が著しく阻害され、ストレスから多くの問題行動を引き起こすリスクが高まる。大切なことは、壊れにくいものや少し壊れても問題ないものを選んで入れるということである。それでも、子犬が噛んで破損することはあるので、破れやほつれなどを見付けたら早期に新しいものに買い替えることが大切である。その他、クレートトレーニングをすることも重要で、不安やフラス

---

*9 動物が食べ物ではない物を飲み込む・食べることを、一般に "誤飲・誤食" といいます。このうち不可抗力による偶発性のものでない場合を動物行動学（問題行動）の専門用語としては「異嗜」と呼びます。

【子犬の生活環境中に置く物の選び方】

・ペット用ベッドは生地や縫い方がしっかりしていて中綿が出にくいものを選ぶ

・トイレトレーはペットシーツの破壊を防止できるメッシュ付きのものを選ぶ

・おもちゃは容易に噛み千切ることができる部位（ぬいぐるみの目など）がない
　ものを選ぶ

　　　　　　　　　　　　　　　　　　　　　　　　　　　　　　　　など

トレーションからサークル内の物を破壊するリスクを下げることができる。

　次に知っておきたいことは、人の反応が"誤飲・誤食"を悪化させるということである。基本的に不可抗力や心身の異常でなければ、健全な犬がむやみに食べ物でない物を飲み込むことはない。それでも、"誤飲・誤食"の事例が多いのは、前述のように犬は飼い主の気をひく手段として、あるいは飼い主に気に入った物を奪われることを避ける手段として、"学習"してしまうからである＊10。この学習を避けるためには、犬が物を噛んだり、咥えたりしているとき（適切なおもちゃで遊んでいるときを除く）に「ダメ！」「やめて！」など反応してはいけない。そのために重要な心構えを表❸に示す。

　子犬は、最初は未知の物を調べて知るために噛むだけなので、人が下手に反応をしなければ、比較的早期に噛まなくなる。つまり、放っておくのが一番早いのである。その対応をしても子犬が噛み続けるものは、子犬自身が"おもちゃ"と認識したものである。その種のものは、子犬が飽きるまで噛み続ける。放っておいても害のない物であれば、飽きるまで放っておけばよいが、そうではない物は速やかに子犬の生活空間から取り除かなければいけない（あるいは近づけないようにする）。そして、何より大切なことは子犬の生活環境を整え、気に入る安全なおもちゃを与え＊11、飼

＊10 典型的には、ペットシーツなどを噛む子犬に声をかけて抱き上げる、靴下などを咥えた子犬を追いかける、咥えたティッシュなどを放させようとおやつで釣ってトレードする、などの飼い主の行為が子犬の「物を噛む」行動を増やし、それで気をひけない場合に試行錯誤の過程で「飲み込み」につながることがあります。また、咥えた物を無理やりに口を開けて取り出す、物を噛む犬を怒鳴りつける・音で脅す・叩くなどの飼い主の行為は、子犬が気に入った物を飼い主から護ろう・嫌なことを避けようとする原因になり、その一環として「飲み込み」につながることがあります。つまり、これらの飼い主の典型的行為は望ましくないといえます。

表3　犬の誤飲・誤食の学習を予防するための心構え

① 犬に噛まれたくない物・壊されたくない物・飲み込むと危険な物を犬が届く場所に置かない
② 犬に噛まれたくない物・壊されたくない物・飲み込むと危険な物がある部屋に安易に犬を放さない
　（飼い主が許容できない状況をつくらない）
③ 動かせない家具などはある程度噛まれることを覚悟する
　（可能な限り家具などの保護対策をしつつ、噛まれても放っておく）
④ どうしても噛まれたくなければ犬を近づけない　など

い主とのコミュニケーションの機会を十分につくり、子犬を心身ともに健康な状態に保つことである。一度でも危険性の高い"誤飲・誤食"の履歴ができると、一生犬の周辺環境に細心の注意を払って生活しなければいけなくなる。そうならないために、適切な初期対応を覚えておきたい。

"誤飲・誤食"と類似点の多い問題行動に"食糞"がある。子犬が自分の糞を舐める・食べることは成長過程における一過性の正常な行動（基本は探査行動）と考えられている。つまり、心身の異常に伴うもの以外は、成長とともに消えていく行動である。ところが、"食糞"も飼い主が放っておけずに反応してしまう行動であるため、それが原因で悪化する場合が多い。食糞をしたら絶対に放っておくのが基本路線であるが、排糞をしたときに犬を呼んで食物を与えることで、糞をしたらその場から離れて飼い主のもとへ向かう行動を強化することも食糞の抑止につながる。飼い主の心情として嫌悪感が強いことは理解できるが、物品の"誤飲・誤食"と異なり、「自分の糞便を食べて死ぬことはない」ため、「放っておく」という基本原則は守りやすい。なお、心身の異常に伴う食糞や他の動物（猫など）の糞を食べる場合などは事情が異なるが、本書では説明を割愛する。

＊11　買ってきた"おもちゃ"をそのまま犬に与えるだけでは、すぐに飽きてしまうことが多いです。お気に入りにさせるコツは、一緒に遊ぶなどしておもちゃに楽しい思い出をつけてあげることです。

【食糞を増やしてしまう NG 対応の例】

・排泄直後に犬と飼い主で糞の争奪戦をする
　→飼い主に取られる前に糞を食べることを犬が「遊び」と認識する
　　または、本当に取られることや叱られることを避ける

・犬が糞を咥えてから（食べてから）食べ物とトレードする
　→糞を咥える（食べる）と食べ物を獲得できると学習する　など

子犬を飼うと直面しやすい問題と解決トレーニング

⑤ ケアを嫌がらないで！

　子犬を飼えば必ず身体のケアが必要である。身体のケアとは、ブラッシングやシャンプー、カットなどの皮膚・被毛の手入れ、爪切り、涙や目ヤニの拭き取り、耳介の汚れの拭き取り、肛門囊の分泌物の排泄（肛門腺絞り）などであり、身体の衛生状態を保つための作業である。総称して『グルーミング』という。その他、散歩の後に肢先を拭いたり、排泄後に肛門や外陰部を拭いたり、食後や飲水後に口の周りを拭いたり、歯を磨いたりなども飼い主が日常的に行うケアに含まれる。しかし、このような身体のケアを嫌がる犬はたくさんいる 表4 。人はケアの必要性を理解しているため、「コラッ！じっとしなさい！あなたのためなの！」と叱りつけてでも強引に行うことに大義名分を見出すが、それが深刻な結果につながりかねないことは前章の満太郎くんの事例で述べたとおりである。

　重要なことは、いくら犬自身にとって不可欠なケアだとしても「犬の視点で考えてあげる」ことである。「身体を触られて嫌じゃないかな？」、「ブラシを当てられて嫌じゃないかな？」、「毛が引っ張られて痛くないかな？」、「押さえる力が強くないかな？」など子犬の立場に立って気にしてあげ、苦手なことは慣れさせてあげることが必要である。まずは、身体中

表4

身体のケアを嫌がる犬が多い理由

① 犬が嫌がりやすい部位*12 を触る

② 犬が嫌がりやすい刺激*13 を与える

③ 人が必要性に駆られて（慣れさせずに）強引に行う

④ 犬にはケアの意義（不可欠であること）が分からない など

どこを触られても大丈夫にするところからスタートする。その後、保定*14 に慣れさせ、ケアに使う道具やケア作業に慣れさせていく（【詳しい解説4】参照）。これは社会化の一部であり、社会化期の間に取り組むとより効果的である（社会化については【お勉強コーナー3】を参照）。つまり、本来はブリーダーの手元に子犬がいるうちから取り組むべき内容である。

　子犬を飼いはじめたときから、適切に馴化（慣れさせること）に取り組めば、慣れるのも早く、日常ケアや動物病院での診察・処置、グルーミングサロン（トリミングサロン）でのシャンプー＆カットなどに困ることもなくなる。前章の満太郎くんのように、一度嫌悪学習から強い攻撃性を示すようになってしまうと、その後の改善には特別な技術と時間とお金を要する（p.185 事例参照）。満太郎くんは幸いにも飼い主さんとの幸せな日常生活を取り戻すことができたが、うまく条件が整わなければ改善されないこともある。

---

*12 眼、耳、口の周り、口の中、肢の先、尾、肛門の周りなどは敏感な部位で、特別な嫌悪学習がなくても触られると驚いたり、嫌がったりする子犬がいます。

*13 子犬にとって経験したことのない刺激（新奇刺激）は多かれ少なかれ緊張や恐怖を引き起こすものです。経験したことがないというだけでも嫌がる原因になりますが、ブラシで強く毛を引っ張る、金属ピンのブラシで皮膚を引っかく、ドライヤーの強風が顔に当たる、ドライヤーの爆音が耳に届く、水が目や鼻に入る、爪切りで出血する、など直接的に痛かったり、驚いたり、気持ち悪かったりする場合も多々あります。

*14 「保定」とは、グルーミングケアや診察・処置などの際に作業をしやすいように犬（動物）の体位を保持することです。「犬を押さえつけている」と思われがちですが、その原則は犬に極力負荷をかけないことです。姿勢のバランスを崩さず、押さえる圧力は最小限で、太い骨や大きな筋肉の部位を面で押さえます。

【詳しい解説4】

動物が何かに慣れること（あるいは慣れさせること）を「馴化（じゅんか）」といいます【詳しくはお勉強コーナー1を参照】。まだ嫌悪学習をしていない場合、基本的には同じ刺激（例えば、前肢を触るなど）を繰り返し与えると慣れて反応しなくなります。ただし、「嫌だ」・「怖い」という不快情動がほとんど起こっていないという前提です。効果的に慣れさせる(刺激の受入れをよくする)ためには、刺激に伴って「嬉しい」・「楽しい」という快情動を起こしてあげるとよいです。例えば、「前肢を触る⇒食物を与える」ということです。こうすることで、前肢を触られることに対して嬉しくなったり（快情動の条件性情動反応[注1]）、前肢を触ってもらおうと前肢を差し出す行動が増えたり（正の強化）します。「前肢を触る」の部分は、慣れさせたい刺激であれば何に置き換えてもよいです。最大の注意点は、犬に「嫌だ」・「怖い」と極力感じさせないように「弱い刺激から徐々に強い刺激に移行していく」ということです。「前肢を触る」であれば、『手を添える⇒手で包む⇒軽く握る⇒軽く握ったり、撫でたりする・・・』のように徐々に触り方を刺激的にしていくイメージです。ドライヤーとブラシ刺激の調節のイメージを次ページの図に示しますが、分からなければ専門家に相談してみるとよいでしょう。

よく目にする方法の中で学習効率が格段に下がるのでお勧めできないのは、食物を見せびらかして気を引き、舐めさせたり齧らせたりしながら刺激を与えることです。刺激に慣れるために最も重要なことは、動物がその刺激をしっかりと感じていることです。先に食物に意識を集中させてしまうと、前肢を触られるなどの慣れさせたい刺激の感じ方が鈍くなってしまいます。また、古典的条件づけの学習の手続きとしても「食物を与える⇒前肢を触る」の流れは『逆行条件づけ』といって、学習効果はほとんどないとされています【詳しくはお勉強コーナー1を参照】。少なくともずっと食物で気を引き続けている状態を「慣れた」とは言えませんので、その点は勘違いのないようにしてください。

にぎ
にぎ

注1)「前肢を触る⇒食物を与える」という対提示は、前肢を触ることに嫌悪学習がない場合は単なる快情動の古典的条件づけです。しかし、既に嫌悪学習によって前肢を触ることを嫌がっている場合は、「不快情動を快情動に上書きする」という要素が入るため、『拮抗条件づけ』という専門用語で呼ばれます。【詳しくはお勉強コーナー1を参照】

ドライヤー・ブラシ刺激の調節イメージ

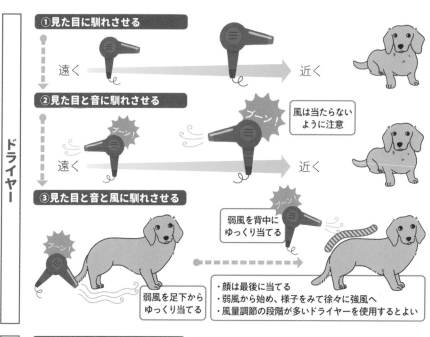

ドライヤー

①見た目に馴れさせる

遠く → 近く

②見た目と音に馴れさせる

ブーン！

ブーン！

風は当たらないように注意

遠く → 近く

③見た目と音と風に馴れさせる

ブーン

弱風を背中にゆっくり当てる

ブーン！

弱風を足下からゆっくり当てる

・顔は最後に当てる
・弱風から始め、様子をみて徐々に強風へ
・風量調節の段階が多いドライヤーを使用するとよい

ブラシ

①見た目に馴れさせる

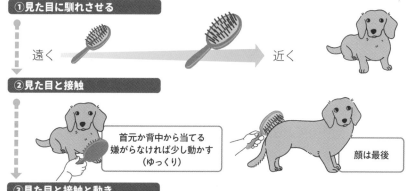

遠く → 近く

②見た目と接触

首元か背中から当てる
嫌がらなければ少し動かす
（ゆっくり）

顔は最後

③見た目と接触と動き

優しく、ゆっくりとかす

・足先、お尻周り、顔は慎重に
・スリッカーブラシを使う場合は、皮膚を引っかいたり毛を引っ張ったりしないように注意
・力が入りすぎたり、速くなったりしないように注意

満太郎くんのその後～脱感作への道

　前章で紹介した山田家の満太郎くん（4ヵ月齢のマルプー）は、重度の嫌悪学習によって身体の特定部位（肢先・顔の周り・お尻の周り）に対する接触やブラッシング等のグルーミングケアに敏感に反応して唸る・咬みつくなどの攻撃性を示していました。このように学習によって特定の刺激に敏感に過剰な反応をするようになった場合、『鋭敏化』あるいは『感作（かんさ）』といいます【詳しくはお勉強コーナー１を参照】。感作を起こしている場合、それを改善することを『脱感作』といいます。満太郎くんの場合は、「人の手が顔に近づく」という刺激から脱感作をスタートしました。具体的には、満太郎くんの正面に座り、顔よりも低い位置から手を差し出して、満太郎くんが攻撃性を示さずにリラックスできている距離で手を止めて、食物を与えます。そして、満太郎くんがリラックスできている状態を維持しつつ、徐々に距離を縮めていきます。このときに、「咬まれるかもしれない」と緊張して手に力が入ったり、表情が強張ったり、手を差し出すスピードが速すぎたり、手を近づけすぎたりすると、本当に咬まれるリスクが高まるので要注意です。やっていることの概略は前述の『馴化』と同じですが、『脱感作』の場合は学習によって既に強くなっている不快反応を起こさせない状態を維持するところが最重要ポイントで、それを実践するためには高い知識と技術が必要になります。そのため、私ができる状態にしてから飼い主さんに取り組んでもらいました。満太郎くんは、１週間程度で肢先・顔の周り・お尻の周りを触ることに攻撃性を示さなくなりました。

　満太郎くんが、ある程度触ることを受け入れられるようになった段階で、次にブラッシングに対する脱感作を行いました。幸いにも、ブラシの見た目や接近に対してまでは感作が及んでいな

かったので、ブラシを当てるところから脱感作をはじめました。このとき、ブラシの種類がポイントでした 写真1 。満太郎くんの学習経緯から「スリッカーブラシ」に対する反応が最も強いことが分かっていたので、反応が弱く、当たった際の刺激が少ないピンブラシとコームを最初に選択しました（毛の短い犬はピンの長いラバーブラシがよいです）。１ヵ月程度でピンブラシとコームには（目の

▲ 写真1 犬用ブラシ
左からラバーブラシ、ピンブラシ、
スリッカーブラシ、コーム

周囲を除き）攻撃性を示さなくなりました。その後、3ヵ月半程度でスリッカーブラシでのブラッシングや目ヤニ取りを含むほとんどのケアができるようになりました。

このように、問題発生の早期から真摯に攻撃性の行動修正に取り組んでくださった山田家の場合、経過はとても順調でしたが、それでも改善までに5ヵ月弱かかりました。犬のトレーニングは魔法ではありません。順調な場合でもそのくらいはかかるのだと知っておいてほしいものです。

---

⑥ 子犬を飼うと直面しやすい問題と解決トレーニング
"我が道を行く"お散歩

　お散歩で子犬がグイグイ引っ張って困るという相談はとても多い。ただ、根本的な話をすれば、"人と一緒に歩く"ということを教えなければ、子犬がグイグイと引っ張って我が道を行くのは当然のことだろう。また、多くの場合、引っ張りが強くなるように作用しているのは、飼い主の対応である。

　お散歩に出るに当たって、事前にしなければいけないことは、首輪＊15とリードの装着に馴れさせておくことである。はじめて首輪を装着する子犬は、その違和感から首輪を嫌がることも多い。さらに、リードを着けられると行動の制限がかかり、子犬は自分がどうすればよいのか分からず、パニックになることもある。そのため、実際にお散歩に出る前に、家の中

第⑧章　幸せに暮らすための動物のトレーニング

で馴れさせて
おくとよい。
そして、リー
ドが着いた状
態で動き回る

『まずは首輪とリードに慣れる』
・首輪はいきなり装着せず、大きめの輪にして、そこに**犬自身が頭を通すように教えるとよい**
・リードを着けたときに**動き回ることができる範囲を犬自身が学習するまで待つ**（絶対にリードを引っ張ってはいけない）

ことができる範囲を子犬に学んでもらうことも必要である。そのためには、飼い主はただリードを持って止まっているだけでよい。最大の注意点は、「絶対に人がリードを引っ張らないこと」である。子犬は、自分の動きに対してリードが張ったり、緩んだりすることを学ぶためである。そこに人が引っ張る力を加えると、その力に抵抗するために引っ張り返したり、その場で動かなくなったりするため、必要な学習が阻害される。何より、リードの装着に対する嫌悪学習の原因になる。

　子犬がリードを着けた状態での行動範囲を学習したら（むやみに引っ張らずリードが緩んだ状態でいられるようになったら）、まずは家の中で歩く練習をすることが望ましい。それは、外に出てしまうと様々な環境刺激が子犬の歩く行動を邪魔して、集中できなくなるからである。家の中であれば、飼い主が歩いた方向に子犬もついてくる可能性が高くなる。最初は、1歩でも2歩でも人が歩いた方向に子犬がついてきたら、十分に褒めて食べ物を与える（正の強化：詳しくは【お勉強コーナー1】を参照）。このときに、絶対に食べ物を見せびらかして誘導してはいけない【詳しくは第8章3（2）

---

*15 飼い主から「首輪ではなくハーネスのほうがよいですか？」と質問されることが多いです。これは、首輪を装着した状態でグイグイ引っ張ると首や気管に負荷をかけるからです。獣医師から勧められることもあります。しかし、これは首輪が悪いわけではありません。ハーネスを装着した状態でも、犬がグイグイ引っ張っていれば胸や背骨などに負荷をかけることになり、身体に負荷がかかることに違いはありません。つまり、首輪かハーネスかという問題ではなく、「犬がグイグイ引っ張る状態（飼い主がリードを使って犬を引っ張ることも含む）を改善していないこと」が問題の本質だということです。

> **『屋内で歩行トレーニングを開始』**
> ・犬が集中しやすい屋内でトレーニングを始めると効果的・効率的
> ・人が歩く方向に犬がついてきたら強化する
> ・人の動きに合わせて犬も歩くように徐々に教える
> ・スムーズに歩けるようになってきたらコマンド（合図）を教えるとよい
> **《犬とは声かけとアイコンタクトでコミュニケーションする》**
> **NG：食べ物を見せびらかして誘導する**

を参照】。問題なく人の歩く方向についてくるようであれば、人の左足の横（場合によって右足でもよい）を基準に子犬の歩く位置を絞って強化する。最初は、人の左足が一歩前に出たときに、子犬も一緒に前に進むことができたら十分に褒めて食べ物を与えるとよい。子犬が人の足の動きに合わせて動くことを理解してきたら、1歩を2歩、2歩を3歩と連続して歩きながら強化を進める。スムーズに歩けるようになってきたら、「ツイテ」などのコマンドを教えるとよい。「ツイテ」と声をかけてから歩き出して、強化するだけである。なお、このトレーニングを行う前に、子犬が名前に対して十分に反応し、アイコンタクトをとれるようにしておくと、とてもスムーズにトレーニングを進めることができる。

　家の中で上手に歩けるようになったら、いよいよ屋外に出てお散歩をする（最初から屋外でトレーニングをしてもよいが、トレーニングの難易度は上がる）。家の中で上手に歩けていても、屋外に出たとたんに引っ張り始める子犬[16]もいるので最初が要注意である。犬が引っ張ったとしても

---

[16] 逆に歩かなくなる子犬もいます。その理由の多くは、慣れていない屋外の環境で動けないだけなので、家の近くで屋外の環境に馴れさせてあげればよいです。リードで引っ張るなど無理強いするのは逆効果ですから、あくまでも自発的に歩くように声かけなどを行います。要注意なのは、抱き上げてしまうことです。歩かないからと不用意に抱き上げてしまうと、子犬が抱っこしてもらうための手段として学習的に歩かなくなることがあります。

> 『最後は屋外デビュー』
> ・屋外に出て犬が引っ張っても絶対についていかない（その場に立ち止まる）
> ・冷静に屋内でのトレーニングと同様に歩く
> ・犬の興奮が強い場合は、興奮がおさまるまで歩き出さない
> ・最初は、家の近くの短い距離を落ち着いて歩くことを目指す
> ・排泄は屋内あるいは家の近く（庭など）で済ませてから散歩に行く
> 《散歩はコミュニケーションと運動の機会》
> NG：排泄（マーキング）、探検の機会

　飼い主は絶対についていってはいけない。子犬は、自分が行きたい方向に強引に突き進めば、飼い主も一緒についてきてくれることを学習して引っ張るようになるからである。子犬が引っ張っても立ち止まって動かず、声をかけて呼び戻して、冷静に家の中で行ったトレーニングと同様に歩き出すとよい。散歩中は、しばしば子犬に声をかけたり、アイコンタクトをとったりしながら、テンポよく歩くことを基本とすることが望ましい。排泄は最初に済ませて余分なマーキングの機会は与えない。もし、草むらなどを探検（探査・探索）させたいのであれば、開始と終了の合図（イイヨやオシマイなど）をつけて、散歩（歩行）とは場面と時間を区切って対応するとよい。

　飼い主とコミュニケーションをとりながら歩くことは、引っ張りだけでなく、誤飲・誤食や尿マーキング、苦手な刺激に吠える、などお散歩中の様々な問題行動の抑止につながるため、適切な犬との歩き方とそのトレーニング方法を理解しておきたい。

⑦ 人（犬）を嫌いにならないで

　犬が人間社会の中で生活するからには、人や犬が嫌い・怖い状態になってしまうと大変苦労する。犬が生活をともにする人や同種である犬を親和的存在として受入れ、適切にコミュニケーションする能力を身につけることは「社会化」の一部である（詳しくは【お勉強コーナー 3】を参照）。人や犬を受け入れるための根本的な基盤は、新生子期（0〜2週齢）や移行期（2〜3週齢）の社会的経験にあるのではないかと考えられている。つまり、その時期に人や犬との親和的な接触があればよいのである。次に重要なのが有名な「社会化期（3〜12週齢）」の社会的経験であるが、これも "友達100人できるかな？" レベルで人や犬と親和的な接触をしなければいけないということはない。もちろん、できるだけ多くのキャラクターの人や犬と適切に接したほうが効果は高いだろうが、数人、数頭の単位でも効果は得られる。それは、社会化期には人や犬を受け入れる "土台" を作るだけだからである。人を受け入れる土台のない子犬の条件は、10〜14週齢以前に人との接触がまったくない場合と考えられており、基本的には野犬でない限りは満たされない条件である。

　子犬が明確に人や犬を嫌い・怖い状態になるのは、主に4ヵ月齢以降（13週齢以降）の若年期に入ってからである[17]。この時期に家族外の人や犬との質の高い親和的なコミュニケーションを経験することで、人や犬に対する適切な社会化が完成していくのである。逆に、若年期に家族外の人

---

[17] 子犬の嫌悪学習は6週齢頃から成立するため、社会化期の間に人や犬に対して強烈な嫌悪学習が成立する出来事があれば、社会化期の間でも人や犬を嫌い・怖い状態になります。6週齢以降の子犬に対して、からかって驚かせたり、怒鳴ったり、体罰を与えたり、など明らかに嫌悪学習につながるような接し方は、絶対にあってはいけません。

や犬とのコミュニ
ケーション機会を
失うと、いくら受

『人や犬とのコミュニケーションは量より質が重要』
4ヵ月齢以降にも質の高いコミュニケーション機会が必要

け入れる土台があっても、最終的には見知らぬ人を嫌がったり、怖がったりするようになる場合がある。つまり、飼い主と生活を始めた後の4ヵ月齢以降の時期こそ、多くの質の高い社会的経験が求められるのである。ここでいう"質が高い"とは、子犬に嫌悪学習をさせないという意味である。人に対する社会化は、子犬が出会う人に接近して、ニオイを嗅ぎ、声をかけてなでてもらい、食べ物をもらう、という単純な工程で効果を得られる。ただし、相手を受け入れるかどうかは、あくまでも子犬の判断（犬好きな人を子犬が受け入れる確証はない）であり、子犬のペースでコミュニケーションをとらなければ"質の高い"経験にはならないことを知っておきたい。これは、犬に対する社会化の場合も同じことである。

　これらのことを踏まえると、子犬をいきなり大勢の人や大勢の犬の中に放り込むことが望ましい方法とはいえないことが理解できるだろう。もともと精神的にタフな犬は、この方法で適切に社会化されるだろうが、そうでない場合は逆効果になるリスクを高く見積もらなくてはいけない。子犬自身の気持ちに寄り添うという点に留意して、「人や犬と接することは楽しいね！」という経験を少しずつ積み上げていくことを心がけたい*18。

---

*18 既に人や犬を嫌がる・怖がる状態の成犬を、どんな人・犬でも受け入れる状態まで改善することはほぼ不可能と考えてください。特定個人・個体を受け入れるようになることはありますが、そこまでトレーニングするのに相応の時間を要します。そういう場合は、「人や犬を無視していられる状態」を基本目標としてトレーニングに取り組んだほうがよいです。

⑧ いい子にしててね！ お留守番

　子犬を飼っても、24時間365日一緒に居てあげることは不可能であるし、健全でもない。子犬にとって養育者である飼い主が近くにおらずひとりになることは、"そのまま放置されれば命にかかわる"ため不安を引き起こす[19]。そのため、子犬は鼻を鳴らしたり、吠えたりしてアピールするのだが、それを可哀想に思って飼い主が"一緒に居てあげる努力"ばかりしてしまうと、いつまで経っても自立できない（ひとりで居られない）犬になってしまう。最悪の場合、「分離不安」を引き起こすことにつながる。分離不安になってしまうと、ひとりになったときに過剰な吠え、排泄の乱れ（トイレでない場所で排泄をする）、破壊行動（手近な物を壊す）、自傷行動（過剰な身繕いで炎症や出血、脱毛を起こす）、など不安に起因する様々な困った行動が起こり、血便・血尿が出ることや柵などを噛む・掘ることで歯や爪が欠けることもあるため、ますます犬をひとりにすることができなくなる。

　そうならないためには、子犬を飼いはじめた当初から「ひとりになっても大丈夫」ということを学習する機会を作る必要がある。まずは、子犬をひとりにする環境を整えることが大切である。暑すぎず、寒すぎず、温度管理ができている心地よい寝床でひとりにするとよい。事前にクレートトレーニング【詳しくは第8章2（1）【詳しい解説3】を参照】ができていると子犬が早く落ち着きやすい。このとき、食べ物を中に詰めることができる

---

[19] ブリーダーの手元にいる新生子期や移行期のうちから、母犬・兄弟犬から短時間分離する練習をしておくと、子犬にひとりになることに対する耐性をつけることができます。ただし、この方法が日本のブリーダーに広く浸透しているわけではないので、子犬が耐性をもっていることに期待はできません。

ひとりになる練習で飼い主がやってはいけないこと

① ずっと（頻繁に）子犬の様子をうかがう

② 心配から飼い主が不安そうに子犬に声をかける・なでるなどしてから部屋を出る

③ 子犬が鼻を鳴らすなどしたら心配ですぐに戻る

④ 戻ったときに大げさに子犬に声をかける・なでるなどして興奮させる

知育玩具も一緒に入れてあげて、ひとりで居るときの楽しみを作ってあげることも大切である。子犬にとって安全・安心な環境を提供できていれば、あとは心おきなくひとりで放っておいてあげるだけである。絶対にやってはいけないことを 表⑤ に示す。心配する気持ちは分かるが、飼い主が心配にかられると、それは「不安」な態度として子犬に伝わるため、子犬が安心して落ち着くことを阻害してしまうことを覚えておきたい。心配であれば、最初は子犬をひとりにする時間を 5 〜 10 分程度から始めてもよい。様子を見たければ Web カメラを使えばよい（ただし、声かけ機能は使わないこと）。肝心なことは、何事もないように淡々とその場を離れ、戻ってくるときも淡々と戻ってくることである。戻ったときに子犬が落ち着いていれば、優しく声をかけてあげてよい。しかし、鼻を鳴らす・吠えるなどのアピールが続いている場合は、戻らずに放っておくか、一旦部屋には戻るが子犬に関心を向けずに再び部屋を出るなどする。可哀想に思うかもしれないが、「アピールすれば飼い主が戻ってきてくれる」と学習した犬が本番の留守番をすると「鳴いても叫んでも飼い主が戻ってきてくれない状況＝強い不安」につながることのほうが可哀想である。

『環境を整えて行う「ひとりになる練習」で子犬が命の危機に直面することはない』

・飼い主は子犬を心配する気持ちをうまくコントロールして取り組むとよい

・飼いはじめた早期から取り組むことで、問題なく留守番できるようになる

⑨ 取らないから守らなくてもいいよ

　成長とともに子犬には「これは自分のもの」という認識と主張が出てくる。実際に自分のものを奪われた経験がある場合はもちろんであるが、そういう経験がなくても「奪われるかもしれない」という予期不安から「取られないように守らなければ！」と唸ったり、咬みついたりすることがある。これを「所有性攻撃行動*20」という。トレーニングの一環として（あるいは、子犬の反応を面白がって）子犬が食べているものや噛んで遊んでいるものなどを取り上げてしまう場面を目にすることがあるが、そのようなことは止めてほしい。そして、奪われる経験をさせないだけでなく、「人が介入しても奪われない（むしろ得をする）」ことを教えることが重要である。

　食事の場面では、食器に少量ずつ人の手で食事を足しながら食べさせるとよい。このとき、食器を触ったり、持ち上げたりして食事を足すと、子犬は人の手が食器に触れることにも不安を感じなくなる。気をつけなければいけないのは、食事の場面でフードを守らなくなったからといって、食物全般を守らなくなるわけではないということである。注意が必要なのは、与えた後に犬がしばらく保持して食べ続ける"ガム"である。これは、ほとんどの場合に与えたら与えっぱなしになるため、食事を守らない犬でも"ガム"を守ることがある。"ガム"を与えるときは、最初は人が手に持ったまま噛ませ、途中で「ハナシテ」などと声をかけてから一旦噛ませるのを止めて*21、ガムにチーズやレバーペーストなど嗜好性の高い食物を少量塗って、再び噛ませるとよい。おもちゃについても、人が手に持って噛

---

*20 守る（所有を主張する）対象が"食べ物"に限られる場合は、「食物関連性攻撃行動」といいます。

*21 ガムやおもちゃを噛ませるのを止めるときに無理やり引っ張って取り上げてはいけません。ガムやおもちゃを持つ手の動きを止めて、子犬が自発的に口を放したときに取ります。

ませて遊ぶ中で、おもちゃの動きを一旦止めて「ハナシテ」と声をかけて、子犬が放したらチーズやレバーペーストなど嗜好性の高い食物を少量塗って、再び噛んで遊ばせるとよい。この過程で「ハナシテ」のコマンドも学習するため、一石二鳥である。

 3　トレーニングの心得よもやま話

(1) リードは "命綱"

　トレーニングのためにリードを瞬発的に強く引っ張ることでショックを与える方法があるが、これは "体罰" であり動物福祉的ではなく、他によい解決策もあるため勧められない。トレーニングを目的としなくても、日常生活で多くの人が「リードは引っ張って犬をコントロールするもの」と思っている。残念ながら、それが日本の一般常識となっている。

　犬にリードを着けるのはなぜだろうか。犬の行動範囲を限定し、飛び出しや逸走を防止することで犬の命を守り、公共の場でのトラブルも防止するためである。つまり、リードは "命綱" として着けるのである。行動範囲を限定するために、人がリードを引っ張る必要はない。リードの長さを調節すればよいだけである。犬の位置を移動させるのにも、犬を呼び戻すのにもリードを引っ張る必要はない。名前を呼んで犬に自発的に動いてもらえばよいだけである（そうできるように育てる必要はある）。つまり、リードを引っ張らなければいけない必然性はないのである。

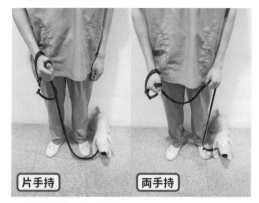

片手持　　　両手持

▲ 写真2 リードの持ち方

犬がリードを自分で引っ張っているだけならば、自分の力加減で調節できることなので何の問題もない（繋留しているのと同じ）。ところが、人がリードを引っ張ると、犬は嫌悪感から引っ張り返して抵抗したり、その場で動かなくなったり、暴れたりするきっかけになる。そのことが、散歩に出かける前にリードの装着を嫌がる原因になったり、散歩中に上手に歩けない原因になったりする。当然、犬の首などにも不要な負荷がかかるため、下手をすると健康を害することにもなる。力加減の問題はもちろんあるが、人がリードを引っ張ることのデメリットが大きいことは理解しておきたい。

リードは、首輪やハーネスにつけたナスカンが下に垂れる程度に緩みがある長さに調節して、余分な長さは束ねて手に持つとよい 写真2 。リードを持つときは、腕の力を抜いてだらりと下げて、脇は締め、手は"へそ"の辺りに位置すると、もし犬がリードを引っ張ったとしても力負けしにくい。リードを持つ手は、動かさないことが大切である。これまで、リードで犬を引っ張ってきた人は、適切なリードの持ち方を伝えてもほぼ100％無意識でリードを引っ張ってしまう。それだけリードで犬を引っ張ることが身についてしまっているということなので、最初は意識的に取り組みたい。興味深いことに、リードで犬を引っ張ることを止めると、犬の様子が変わり、今までよりも良好な関係性を築けることにきっと気づくはずである。

『リードは"命綱"』

・引っ張らなくても犬はコントロールできる

・引っ張ることには多くのデメリットがある

表6	食べ物が使えないと思う理由への対応
① 犬が太る	日々の食事をトレーニングに用いる（摂取カロリーの増加なし） トレーニングで一回に犬に与える量（一粒）を小さくする：0.5㎝角程度 ※トレーニングのために与えた食べ物が原因で犬が太るということは基本的にない
② 食べない ・嗜好性が合わない	その個体にとって嗜好性の高い食べ物を選択する ※嗜好性の高い食べ物は、強い快情動を引き起こすため学習効果も高くなる
・強い不安・恐怖を感じている	食べ物を食べることができる程度の刺激環境にする(ストレスを軽減する) ※とくに馴化（脱感作）の場面では刺激の調節が重要
③ 食物アレルギーや病気	制限があっても食べることができるものの中からトレーニングに用いる ※嗜好性に難があるかもしれないが、食べ物を使えない完全な理由にはならない

(2) Food にまつわるエトセトラ

　犬のトレーニングに食べ物（Food）を使うというと、嫌がられる場合がある。『食べ物で釣っている』というイメージが強いからである。その他にも、「太るからおやつを与えたくない」、「食が細いから（あるいは偏食だから）食べない」、「食物アレルギー（あるいは病気による食事制限）がある」などの理由もある 表6 。「食物アレルギー」や「病気」については仕方のないことだが、それ以外はトレーニングにおいて食べ物を使う意義と適切な使い方が理解されていないだけである。

　食べ物は、動物にとって生得的に快情動を引き起こす（生まれつき喜びを感じる）刺激であり、誰にでも活用できる優れたツールである。食べ物を食べることで引き起こる快情動（喜び）は、古典的条件づけによって他の刺激と結び付けることで喜びを感じる刺激を増やすことや、嫌な刺激を好きな刺激に上書きすることができる(詳しくは【お勉強コーナー1】を参照)。また、自発行動の結果として食べ物を食べることは、動物にとって嬉しい結果で

【詳しい解説5】

　犬は、食べ物の見た目が見えていると、それがいつ自分の口に入るのかを目で追うことに必死になるため、それまでの間に周囲で起こる出来事（学習手続き＝トレーニングの内容）を感じ取る力が弱くなってしまいます。このことが、馴化や古典的条件づけの学習効果を低下させることは第8章2(5) 詳しい解説4で述べたとおりです。また、オペラント条件づけについては、行動を起こす合図（先行刺激：詳しくは【お勉強コーナー1】を参照）をミスリードしてしまいます。つまり、「食べ物の見た目」が目に入ることが、先行刺激だと学習されてしまうということです。例えば、飼い主が「オスワリ」と言っても座らないのに、ジャーキーを見せた途端に座るという場合が、このミスリードに該当します。

あるため、オペラント条件づけによって教えたい行動（人にとって望ましい行動）を増やすことができる（詳しくは【お勉強コーナー1】を参照）。つまり、学習理論に基づいて犬のトレーニングを効果的・効率的に加速させるために食べ物は不可欠である。ただし、その使い方が不適切であれば、学習の不成立、トレーニングの遅滞、不適切な学習の成立など、悪い方向に進んでしまうこともあることは知っておきたい。

　犬のトレーニングで食べ物を適切に使用するために最も重要なことは、まさに『食べ物で犬を釣らないこと』である。"食べ物で犬を釣る"とは、「食べ物の見た目を見せびらかして、犬の意識を食べ物の見た目に集中させてしまうこと」である。そうなると適切な学習はできない（【詳しい解説5】参照）。これを避けるためには、食べ物を犬の口に入れる瞬間まで手に握るなどして、その見た目を隠すことが必要である。なお、「"人が" 食べ物を持っている」ということは犬に知られてもよいし、「"人が" 食べ物をくれるかもしれない」という期待を犬がもってもよい。それは、人に集中するモチベーションになるからである。犬が人に集中する分には、トレーニングの実施者から発せられる出来事（学習手続き＝トレーニングの内容）を認識しや

第8章　幸せに暮らすための動物のトレーニング

【食べ物の効果】

・容易に犬に**快情動を引き起こす**ことができる（ポジティブな感情を動かす）

・**好きな刺激を増やす**ことができる（条件性情動反応）

・**嫌な刺激を好きな刺激に上書き**することができる（拮抗条件づけ）

・**犬の気を引く**ことができる（モチベーションになる）

・**望ましい行動を増やす**ことができる（正の強化）　など

【使用上のNG】

・食べ物の見た目を見せびらかして**犬を釣らない**（気の引き方を間違えない）

・**食べさせるタイミングを間違えない**（狙い通りの学習が起こるように食べさせる）

・**食べ物に対する犬の嗜好性を無視しない**（犬が好む食べ物を使う）　など

すくなるため、トレーニングの効果を高めることにつながる。

　最終的なポイントとしては、「いつ犬の口に食べ物を入れるか」というタイミングの問題がある。タイミングを間違えると学習が成立しない、効率が悪くなる、間違えた学習をすることがあるので要注意である（詳しくは【お勉強コーナー1】を参照）。簡単なことは多少タイミングがずれても覚えてくれるが、トレーニングの難易度があがると食べ物を与えるタイミングも難しくなる。これは、専門的な技術力であるため、一般の飼い主は専門家からケーススタディで習うとよいだろう。

　以上のように、犬のトレーニングの中で食べ物を適切に使いこなすことは、立派な技術力であり、その技術を持っていることはトレーニングの成果を出すことにつながるということを理解しておきたい。

（3）"コツ"が必要な専門家選び

　犬のトレーニングの専門家といえば、ドッグトレーナーであるが、それ以外にも動物行動学者や獣医師、動物看護師、グルーマー（トリマー）、ペッ

| 表7 | 犬のトレーニングに関する専門家選びの "コツ" |

① まずは情報収集をして問題の原因を追究してくれる

② 犬の行動上の問題を安易に "本能" や "遺伝" で片付けようとしない

③ 飼い主の行動や犬の生活環境が行動上の問題に及ぼす影響を理解している

④ 問題の原因から対処法まで理論的に納得できるように説明してくれる

⑤ 行動を止める手段として体罰等の嫌悪刺激を用いない (勧めない)

⑥ 食べ物を見せびらかして犬を釣らない

⑦ 狙いの説明もなしに「"オスワリ" や "フセ" などの基本のトレーニングを繰り返す」という指示のみをすることがない

⑧「飼い主は犬になめられてはいけない、犬の上に立たなければいけない」という説明をしない

⑨ 提案する方法を実践してみせる技術がある

⑩ 犬の行動が思うように変わらない場合、一つの方法に固執しすぎず、他の方法を提案できる

⑪ 飼い主と愛犬にとってベストな方向性を親身になって考えてくれる

トショップの店員、ブリーダーなど、犬に関わる仕事をしている様々な人が犬のトレーニングについて飼い主にアドバイスすることがある。飼い主にしてみれば、いずれも "専門家" である。犬のトレーニングは、国家資格による業務独占ではないので、内容が適切であればどの立場で飼い主にアドバイスしても問題はない。しかし、これまで本書で述べてきたとおり、これらの "専門家" が必ずしも正しく適切なアドバイスをしてくれるとは限らないのが現状である。そのため、「専門家に相談してください」と安易にはいえないことがとても悩ましい。

　そこで、犬のトレーニングについて、専門家を選ぶ "コツ" を 表7 に紹介する。ここで紹介するのは、犬の行動上の問題に対応できる "専門家" であるため、犬を扱う技術をもち、学習理論を含む動物行動学の知識をもつことが大前提である。そういう意味では、ドッグトレーナー、行動治療を専門とする獣医師、動物行動学者から 表7 を参考に相談相手を選ぶのが妥当だろう。本書を読んだ飼い主が信頼できる専門家に出会えることを願う。

お勉強コーナー 1：覚えておきたい学習理論のきほん

1．学習理論とは

　人を含む動物がいかに物事を学習するかに関する理論を総称して『学習理論』といいます。学習は 2 つに大別することができます。『連合学習』と『非連合学習』です。『連合学習』とは、出来事と出来事が伴って起きること（随伴関係）の学習を意味し、『古典的条件づけ』と『オペラント条件づけ』があります。犬のトレーニング方法や日常の行動変化の多くをこの 2 つの条件づけで説明できます。一方の『非連合学習』は、広い意味では「連合学習以外の学習」ということで、観察学習などの社会的学習、刷り込み、運動技能の学習など様々なものを含みますが、狭い意味では「単一の出来事の学習」を意味します。本書では、狭い意味での非連合学習について紹介します。「単一の出来事の学習」というのは、音や物、ニオイなどの様々な刺激に対して動物が生まれつきもっている反応の強さや反応を示す刺激範囲の変容に関する学習のことです。その内訳には『馴化と鋭敏化』があります。犬が人や他の動物、音、物などに対して示す反応は、単一の出来事の学習で説明できます。加えて、本書では関連する事項として『般化と弁別』、『シェイピングと分化強化』についても紹介します。

2．非連合学習（馴化と鋭敏化）

　動物は、ある刺激に対して生まれつき起こす反応をもっています。この刺激に誘発される行動反応を「レスポンデント行動（Respondent Behavior）」といいます。人や犬などの生物、雷や車などの非生物に対する情動反応もレスポンデント行動の一種です。通常、このレスポンデント行動は、同じ刺激を何度も何度も繰り返し与えていると学習によって行動反応が生じなくなります（＝慣れる）。これが、『馴化（Habituation）』です。基本的には、同じ刺激を繰り返し与えると慣れますが、逆に過剰・過敏に反応するようになることもあります。これが、『鋭敏化（Sensitization）』あるいは『感作』です（図7）。なお、一度感作（鋭敏化）した刺激に慣れさせる場合は、『脱感作（Desensitization）』といいます。

　例えば、噛むと "ピーピー" 音が鳴るおもちゃを犬に与えたときに、最初は音に敏感に反応を示すものの、何度も遊ぶうちに慣れて音に反応を示さなくな

ることが馴化です。一方、遊びの楽しさから音を聴くたびに快情動が高まり、興奮反応が過剰に強くなり、おもちゃを咥えたまま色々な物にぶつかりながら一心不乱に走り回るようになる場合や、最初から音に少しビックリしていた犬がどんどん音を怖がるようになる場合が鋭敏化です。

つまり、ある刺激に慣れさせるためには繰り返し刺激を与える（刺激曝露する）必要がありますが、与える刺激が強すぎるなどの原因によって過剰・過敏に反応してしまうことがあるので、注意が必要です。

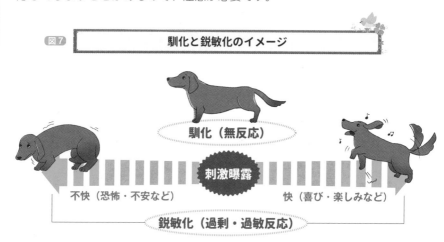

図7　馴化と鋭敏化のイメージ

馴化（無反応）

刺激曝露

不快（恐怖・不安など）　　　　快（喜び・楽しみなど）

鋭敏化（過剰・過敏反応）

馴化（脱感作）を行う際に、動物の行動反応の強さは気にせず、与える刺激の強さに何の調整も加えずに与え続けることを『氾濫法（Flooding）』あるいは『洪水法』といいます。例えば、子犬の反応を気にせずに掃除機をかけ続けることなどがこれに当たります。動物の嫌悪反応が弱い場合などは、この方法で速やかに慣れることもありますが、動物に対する負荷が大きく、鋭敏化が悪化する要因にもなるため、お勧めしません。一般には、動物があまり強い行動反応を起こさないように気を配りながら、段階的に与える刺激を強くしていくことで馴化していきます。これを『曝露法（Exposure）』といいます。最も動物に負荷をかけない脱感作法として『系統的脱感作法（Systematic Desensitization）』があります。この方法では、動物が嫌悪反応を起こさない状態を常に維持しながら、与える刺激を段階的に強くしていきます。系統的脱感作法では、刺激に対して嫌悪反応を起こさない状態を保たせるだけでなく、その刺激に対して快

情動を引き起こすように学習の上書きをするアプローチを併用することが一般的です。この相反する反応を引き起こすことによる学習の上書きを『拮抗条件づけ（Counter Conditioning）』といいます。いずれの馴化法の理論も実践する技術がなければ成果を出すことはできません。

3．連合学習

（1）古典的条件づけ

　古典的条件づけ（Classical Conditioning）は、いわゆる "条件反射" の学習です。有名な典型例として「パブロフの犬」と呼ばれる実験があります。パブロフの犬では、唾液分泌反応（無条件反応）を誘発する食物（無条件刺激）と、メトロノームの音（中性刺激）を対にして与えること（対提示）の繰り返しによって、メトロノームの音（条件刺激）のみでも唾液分泌反応が誘発される（条件反応）ように学習させています 表8 。つまり、メトロノームの音でその後の食物の登場を予期するように犬は学習したということです。身近な例として、これまでに何度も食べた経験からレモンなどの酸っぱいものを見ることが条件刺激となり、唾液が分泌される（条件反応）ことも同じ原理です。

表8　　　　　　　　　　　**古典的条件づけの用語解説**

用語	解説
無条件刺激 (Unconditioned Stimulus)	生まれつき（生得的に）ある反応（無条件反応）を引き起こす刺激
無条件反応 (Unconditioned Response)	無条件刺激により生まれつき（生得的に）引き起こされる反応
中性刺激 (Neutral Stimulus)	無条件反応を引き起こすこととは無関係な刺激
条件刺激 (Conditioned Stimulus)	元は中性刺激であったが、ある反応を引き起こすように学習された刺激
条件反応 (Conditioned Response)	無条件反応が条件刺激によって引き起こされるように学習された場合の反応
対提示 (Pairing)	古典的条件付けの学習過程で中性刺激と無条件刺激を対にして動物に提示すること

　古典的条件づけをドッグトレーニングに活用する一例として、"褒め言葉" を教える例を 図8 に示します。犬にとって「イイコ」や「グー」などの "褒め言葉" は、本来単なる音でしかありません。生得的に喜びなどの快情動を誘発する食

図8

古典的条件づけで褒め言葉を教える例

① 条件づけ前

【無条件刺激と無条件反応（生得的な刺激と反応）】　　**【中性刺激と無条件反応（無関係な刺激と反応）】**

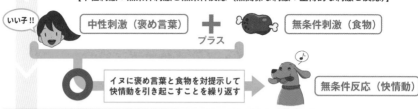

② 条件づけ中

【中性刺激＋無条件刺激と無条件反応（無関係な刺激＋生得的な刺激と反応）】

いい子!!　中性刺激（褒め言葉）　＋　プラス　無条件刺激（食物）

イヌに褒め言葉と食物を対提示して快情動を引き起こすことを繰り返す　→　無条件反応（快情動）

③ 条件づけ後

【条件刺激と条件反応（条件づけられた刺激と反応）】

いい子!!　条件刺激（褒め言葉）

《学習成立!!》褒め言葉だけで快情動が起こるようになる　→　条件反応（快情動）

物との対提示で古典的条件づけすることによって、はじめて褒め言葉で喜びを感じるようになるのです。犬が喜びを感じるようになった褒め言葉は、オペラント条件づけで強化子として作用するようになります。このように、古典的条件づけによって強化子としての作用をもつようになったものを「条件性強化子[注1]」と呼びます。

　古典的条件づけの学習を効果的・効率的に成立させるためには、対提示の仕

[注1] 古典的条件づけによって情動反応の条件反射が成立した場合を『条件性情動反応』といいます。快情動が条件づけられた場合は、その条件刺激は"条件性強化子"として、不快情動が条件づけられた場合には、"条件性弱化子"として作用するようになります。

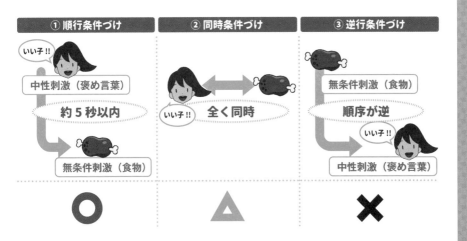

図9　対提示の仕方

① 順行条件づけ	② 同時条件づけ	③ 逆行条件づけ

方を知っておく必要があります **図9** 。対提示は、「中性刺激が先、無条件刺激が後」の順番で行います。この順番で行うことを『順行条件づけ』と呼びます。中性刺激の提示から約５秒以内に無条件刺激を提示するとよいとされています。さらに言えば、「イイコ」と言い終わった後で食物を与える（痕跡条件づけ）よりも、「イイコ」と言っている最中に食物を与える（延滞条件づけ）ほうが学習効果が高いとされています。「イイコ」と言うのと全く同時に食物を与えること（同時条件づけ）や、食物を与えてから「イイコ」と言うこと（逆行条件づけ）は、学習効果が下がるので要注意です。とくに逆行条件づけでは、先に食物が出現してしまい、「イイコ」という音（中性刺激）から食物（無条件刺激）の出現を予期できないので、いくら繰り返しても学習は成立しません。

(2) オペラント条件づけ

　オペラント条件づけ（Operant Conditioning）とは、動物が自発的に起こす行動のうち、動物にとって良い結果につながる行動を増やし、悪い結果につながる行動を減らすようになる学習です。この自発的に起こす頻度が変わる行動のことを「オペラント行動（Operant Behavior）」といいます。有名な典型例として「スキナー・ボックス」を用いた実験があります。スキナー・ボックスでは、

表9 オペラント条件づけの解説

		動物に刺激や出来事を…	
		与える	除去する
動物にとって…	好ましい刺激や出来事	**正の強化**[*1]（行動増加） 作用しているのは「正の強化子[*2]」	**負の弱化**（行動減少） 作用しているのは「負の弱化子」
	嫌な刺激や出来事	**正の弱化**[*3]（行動減少） 作用しているのは「正の弱化子[*4]」	**負の強化**（行動増加） 作用しているのは「負の強化子」

＊1　強化（Reinforcement）：自発的に行動を起こす頻度が増加すること
＊2　強化子（Reinforcer）：強化の要因となる動物にとって好ましい結果につながる刺激や出来事
＊3　弱化（罰）（Punishment）：自発的に行動を起こす頻度が減少すること
＊4　弱化子（罰子）（Punisher）：弱化の要因となる動物にとって嫌な結果につながる刺激や出来事

反応レバーが設置された実験箱にネズミを入れ、レバーを押す行動に対して食物（強化子）あるいは電気ショック（弱化子）を与え、レバー押し行動をする頻度が増加（強化）あるいは減少（弱化）することを学習させています 表9 。つまり、スキナー・ボックスに入って反応レバーを見ること（行動に先行する刺激）とレバー押し行動をすること、およびその結果として食物がもらえること（あるいは電気ショックをうけること）という三つの出来事が伴って起こること（三項随伴性）をネズミは学習したということです。

　オペラント条件づけを正確に理解するためには、表9 をよく参照し、次の２点を十分に把握することが大切です。それは、①オペラント条件づけには、「強化（行動増加）」だけでなく、「弱化（行動減少）」もあること、②"正"と"負"は「良いこと・悪いこと」ではなく、「与えること・除去すること」であること、です。また、学習を効果的にするためには、行動の直後に強化子あるいは弱化子の随伴が起こるようにすること（与える・除去するタイミング）、およびその質が高いこと（動物にとってどれだけ良いこと・悪いことという結果が明確であるか）が重要です。なお、ドッグトレーニングへの活用をイメージしやすいように、"オスワリ"を教える一例を 図10 に示しておきます。

4．般化と弁別

　同じような刺激にも類似点と相違点があります。動物はその"類似点"を捉えたり、"相違点"を捉えたりして、行動反応を起こしたり、起こさなかったり

図10　オペラント条件づけで"オスワリ"を教える例

① 行動の頻度を増やす　（イヌの自発的な座位姿勢に強化子を与える）

先行刺激 (Antecedent)	→	行動 (Behavior)	→	結果 (Consequence)
「〜のときに」		「ある行動をすると」		「…が起こる」

座る（座位姿勢をする）と

食物をもらえた

イヌの中では学習が成立し座位姿勢をする頻度は増える
人の目から見ると何が先行刺激として学習されているのかわかりにくい

② 先行刺激を明確にする　（意図的に活用できる指示語を学習させる）

先行刺激	→	行動	→	結果

"オスワリ"と
言われたときに

座る（座位姿勢をする）と

食物をもらえた

"オスワリ"という音声刺激を先行刺激として学習が成立
"オスワリ"を指示語として活用することができるようになる

します。例えば、飼い主であるAさん（20代女性、身長150㎝、長髪）が近づいたときに喜ぶ犬が、Bさん（40代男性、身長180㎝、短髪）が近づいても同じように喜ぶ場合、犬は2人が"人"であるという刺激の類似点を捉えているということです。一方、Aさんには喜ぶが、Bさんには怖がって唸る場合には、犬は2人の年齢・性別・身長・髪型などの刺激の相違点を捉えていることになります。

　このように、刺激の類似点を捉えて同一の反応を示すことを『（刺激）般化（Stimulus Generalization）』、相違点を捉えて異なる反応を示すことを『弁別（Discrimination）』といいます。般化と弁別は、馴化や鋭敏化（非連合学習）をはじめ、連合学習を含む動物が刺激に対して何かしらの反応をするあらゆる場面で観察されます。トレーニングの場面で、2つ以上の刺激を動物に区別しないでほしい場合には、刺激の類似性を強調し、区別してほしい場合には、刺激

の相違性を強調する必要があります。しかし、動物の般化と弁別を人が完全に
コントロールすることは不可能です。

5．シェイピングと分化強化

　シェイピング（Shaping）とは、広い意味では「動物に新しい行動反応を獲得
させること」を意味し、日本語では『反応形成』といいます。また、狭い意味
では「動物の自発的な行動を待って、段階的に行動反応を形成すること」を意
味し、日本語では『逐次接近法（あるいは漸次接近法）』といいます。簡単に言っ
てしまえば、ドッグトレーニングで段階的に犬に物事を教える場合は、すべて
『シェイピング』だということです。ちなみに、何かしらの手段で目的とする犬
の行動が起こるように仕向けることを『プロンプティング（Prompting）』とい
います。日本語では『促進子の活用（誘導法）』です。ドッグトレーニングでは、
このプロンプティングに様々なバリエーションがあるので方法論が多様化して
いますが、これ以上の深い理論・技術については、本書では割愛します。

　次に、分化強化（Differential Reinforcement）とは、行動の特徴を切り分け
て、条件に合う特定の行動が起こったときだけ強化することを意味します。シェ
イピングの過程で段階を進めるときには必ず分化強化が行われていることにな
ります。例えば、犬に "人の左横でオスワリ" を教えたい場合、最初は人の近
くで座れば "前後左右どの位置でも" 強化します。人の近くで座る頻度が上がっ
てきたら、次は「人の左側で座ったとき」という条件に合う場合のみを強化し
ます。これが分化強化です。

　分化強化は、望ましくない行動を望ましい行動に置き換える場面でも使うこ
とができます。例えば、"チャイムの音" に吠える行動をしている犬に、"チャ
イムの音" が鳴ると伏せる行動を新たに学習させることも分化強化です。この
ように、同じ刺激に対して起こる行動反応を別の行動反応（代替行動）に置き
換えることを『代替行動分化強化』といいます。この「代替行動」が元の反応
とは両立できない行動の場合をとくに『非両立行動分化強化（あるいは対立行
動分化強化）』といいます。望ましくない行動を動物福祉に配慮して減らすため
に重要な理論です。

お勉強コーナー2：どうして叱っちゃいけないの？

　本書では、「犬を叱らない（正の弱化子を使わない）」ということを勧めています。その理由のひとつは、「動物福祉的ではない（動物福祉に反する）」ということですが、それ以外にも理論的な理由があります。「犬を叱っても学習効果はないのか？」と問われれば、その答えは「NO」です。お勉強コーナー1のオペラント条件づけの部分に書きましたが、動物にとって嫌な刺激や出来事を与えると行動が減少する"正の弱化"という学習理論は確かに存在します。ですから、「犬を叱れば行動が減る」という現象は起こり得るのです。それでも勧めない理由を 図11 に紹介します。

 　　　　　　　　　　叱ることを勧めない理由

叱ることを勧めない理由 ①：十分に叱れているのか？

叱ったつもりでも…

十分に嫌悪しないこともある

| 効果なし |

NO!

逆効果になる場合も多い

注目された！

| 正の強化 |

叱る対応→注目として伝わる

悪循環
叱れば叱るほど
犬は喜び、望ましくない
行動が増える

叱ることを勧めない理由 ②：十分な強さで叱ればよいのか？

十分な強さで叱ること
の大きな欠点は…

強い不安・恐怖

萎縮

| 学習効率低下・動きが悪くなる |
不安・恐怖に起因する
行動は悪化する

叱られた場面にあるものが
色々と怖くなることも…

| 条件性情動反応 |

他の場面にも波及

| 刺激般化 |

[とくに"体罰"は精神的・
身体的苦痛の二重苦
強度が増せば危険性が増す
（ケガ、後遺症、生命を奪う）]

NO!

手

リード

部屋

人

みんなの
手が怖い…

第8章 幸せに暮らすための動物のトレーニング

叱ることを勧めない理由 ③：叱る強さは加減すればよいのか？

丁度よい強さの判断が難しい…

犬が判断

嫌？　平気？

[叱る強度を段階的に強めると
耐性が形成されるので NG！]

人が犬を叱る行動は増強してしまう…

叱って
スッキリ

叱る行動が増強

負の強化　→　叱る加減が
難しくなる

叱ることを勧めない理由 ④：攻撃性はどうなるのか？

犬は正の弱化子（主に体罰）に対抗するために攻撃する

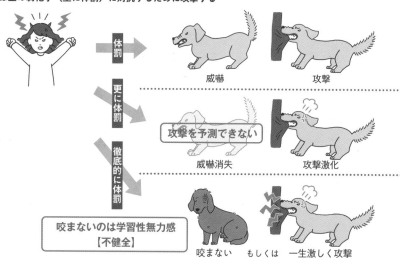

体罰　威嚇　攻撃

更に体罰　攻撃を予測できない　威嚇消失　攻撃激化

徹底的に体罰　咬まないのは学習性無力感【不健全】　咬まない　もしくは　一生激しく攻撃

　叱ることには、これだけの様々なリスクがありながら、効果が一過性であったり、効果が体罰を与える人に限定的であったり、と必ずしも "ハイリターン" を期待できるわけでもありません。何より、正の弱化では "適切な行動を増やす"

第 ⑧ 章……幸せに暮らすための動物のトレーニング

ことはできません。言語が通じない犬に、「なぜ叱られているのか（何をしては
いけないのか）」を正確に伝えることは極めて困難ですし、叱ることでは「何を
すればよいのか」を理解させることはできないのです。その場面に適応的な行
動を理解できない犬は、どうすればよいのか分からず（葛藤状態に陥り）、新た
な問題行動を引き起こすこともあります。

　ここまで説明すれば、一般の飼い主が犬の心身を傷つけることなく適切に正
の弱化をトレーニングに用いることは極めて困難であることが理解できたと思
います。アメリカ獣医動物行動研究会も日本獣医動物行動研究会も動物のトレー
ニングに体罰を用いることに反対する声明を出しています。新しいこととして
は、2020 年に de Castro らが正の弱化を用いたトレーニングをした犬は、判断
バイアスが悲観的になる（ネガティブ思考になる）ことを発表しています。こ
のように叱らない理由はたくさんあるのです。

　犬が望ましくない行動をすれば、その行動を単純に減らそうとして多くの飼
い主が叱ることを選択してしまう現実があります。残念なことに犬に携わる専
門家が安易に叱る選択を勧める現実もあります。前述の内容をふまえて、それ
でも犬を叱ってトレーニングをする必要があるのか、自問自答していただけれ
ば幸いです。

　犬の望ましくない行動を減らしたいときには、『負の弱化』や『消去』の手続
きを用いて、犬に「自分の行動によって物事がうまく解決しない（思い通りに
ならない）」経験をさせるとよいです。あるいは、望ましくない行動を引き起こ
している刺激に対して、望ましい行動を新しく学習させる『分化強化』の手続
きを用いることでも解決できます。叱らずとも動物福祉に配慮して望ましくな
い行動は減らせるのです。

 ## お勉強コーナー 3：社会化ってなんだろう？

　『社会化（Socialization）』とは、「ある個体が発達・成熟とともに所属する環
境条件下において適切な認知的、情動的、社会的行動を学習していく過程《行
動生物学辞典より》」と定義されています。まず、「所属する環境条件下」とい

【動物がおかれた生活環境】
・飼い主とその家族構成・ライフスタイル・家庭環境・近隣環境
・当該文化圏（例えば、日本）の一般的な人社会の環境
・動物同士の社会環境　など

【おかれた環境に対する適応的な行動反応の学習】
・一緒に生活する仲間となる存在や外敵となる存在の学習
・安全または危険な物・現象・場所の学習
・適切な情動（感情）のコントロールの学習
・適切なコミュニケーション能力の学習　など

うのは、「犬や猫などの動物がおかれた生活環境」を意味します。次に、「適切な認知的、情動的、社会的行動の学習」というのは、「おかれた環境に対する適応的な行動反応の学習」を意味します。端的にいえば、"成長とともに生きていくうえで必要なことを適切に学ぶ"ことが社会化です。それができれば、成長後に生活上で必要以上に不安や恐怖を感じることがなく、仲間と協調的に生活ができるようになります。

　犬の社会化について正しく理解するためのポイントがあります。「犬を社会化する」といいますが、厳密には"社会化"そのものは人が介入しなくても犬自身に勝手に起こるものです。犬は良くも悪くも自らが適応的だと認識する方向に学習を進めます。その学習が人との生活において"適切"になるように介入することが重要なのです。また、「子犬同士遊ばせること」、「母犬と一緒に育てること」で『社会化が達成される』といわれることがありますが、それは間違いです。確かに自分が犬であることを認識したり、犬同士の適切なコミュニケーションを学んだりすることにはつながり、それは社会化の"一部"ですが、それが社会化の"すべて"ではありません。ですから、犬同士での関わりから得られる社会化の側面だけでは社会化は達成されません。むしろ人との生活に関する社会化がより重要になることを忘れてはいけません。もし、「犬の社会化＝犬同士の社会性や社交性を身につけること」と誤解をしているようであれば、

表10	子犬に必要な社会化の内容
① 人・犬・身近な動物に対する社会化	● 存在を友好的に受け入れる ● 適切にコミュニケーションがとれる ● 過剰に興奮しない　など
② 身体接触に対する社会化	● 全身を触られることを受け入れる ● 抱き上げ、保定などの拘束を受け入れる ● グルーミング等のケアを受け入れる
③ 生活環境中の音刺激に対する社会化	● ドライヤー、掃除機、玄関チャイム、緊急車両のサイレン、子どもの騒ぎ声などを無視する（過剰に反応しない）
④ 生活環境中の動くものに対する社会化	● 乗り物（車、バイク、自転車）、生活用具（掃除機、フローリングワイパーなど）、生物（鳥や虫など）などの動きを無視する（過剰に反応しない）
⑤ 物体・構造物に対する社会化	● 犬に用いる用具（首輪、リード、クレート、グルーミングテーブルなど）を受け入れる ● 砂利道や人工芝、側溝の蓋など床面の感触を受け入れて歩く ● 自動ドアや階段、エレベーターなどの構造物を受け入れて利用できる　など

ここで誤解を解いてください。

　社会化にとって重要な発達期として『社会化期』が有名です。犬では3〜12週齢、猫では2か3週齢〜9週齢前後といわれています。社会化期は、目新しい刺激（新奇刺激）に対して不安・恐怖が起こりにくく、好奇心から積極的に近づき、安全・安心なものとして受け入れやすいことが特徴で、その点が社会化に適しています。ただし、あくまでも「社会化に適した時期」であり、社会化は社会化期だけで完結するものではありません。その後の若年期（13週齢以降成熟まで）に入っても子犬の社会化は継続しなくてはいけません。

　子犬に必要な社会化の内容は 表10 に示した通り、多岐にわたります。しかし、人や犬など仲間となる存在とのコミュニケーションに関する学習を除けば、その多くは「慣れる（馴化）」ということに集約されます。刺激の種類によっては、最初からあまり気にしない刺激もあるので、敏感に反応する刺激から優先的に社会化に取り組んであげるとよいでしょう。

参考文献

1) アダム・ミクロシ（著）／薮田慎司（監訳）／森貴久／川島美生／中田みどり（訳）（2014）イヌの動物行動学　行動、進化、認知　東海大学出版部.

2) Ádám Miklósi（2015）Dog Behaviour, Evolution, and Cognition Second edition. *Oxford University Press*.

3) American Veterinary Society of Animal Behavior (2007) Position Statement on the Use of Punishment for Behavior Modification in Animals. www.AVSABonline.org.

4) American Veterinary Society of Animal Behavior (2008) Position Statement on the Use of Dominance Theory in Behavior Modification of Animals. www.AVSABonline.org.

5) American Veterinary Society of Animal Behavior (2008) Position Statement on puppy socialization. www.AVSABonline.org.

6) Ana Catarina Vieira de Castro, Danielle Fuchs, Gabriela Munhoz Morello, Stefania Pastur, Liliana de Sousa, I. Anna S. Olsson (2020) Does training method matter? Evidence for the negative impact of aversive-based methods on companion dog welfare. *PLOS ONE*. 15(12), e0225023.

7) C. Duranton & A. Horowitz (2019) Let me sniff! Nosework induces positive judgment bias in pet dogs. *Applied Animal Behaviour Science*. 211, 61-66.

8) Debra F. Horwitz & Jacqueline C. Neilson（著）／獣医動物行動研究会（訳）／武内ゆかり／森裕司（監訳）（2012）小動物臨床のための5分間コンサルト　犬と猫の問題行動診断・治療ガイド　インターズー.

9) ジェームズ・E・メイザー（著）／磯博行／坂上貴之／川合伸幸（訳）（2009）メイザーの学習と行動（日本語版第3版）　二瓶社.

10) John W.S. Bradshaw, Emily J. Blackwell, Rachel A. Casey (2009) Dominance in domestic dogs – useful construct or bad habit? *Journal of Veterinary Behavior*. 4, 135-144.

11) Karen L. Overall（著）／森裕司（監修）（2003）動物行動医学 - イヌとネコの問題行動治療指針　チクサン出版.

12) 川添敏弘（編著）／堀井隆行／山川伊津子／赤羽根和恵（2015）知りたい！やってみたい！アニマルセラピー　駿河台出版社.

13) 近藤保彦／小川園子／菊水健史／山田一夫／富原一哉（編）（2010）脳とホルモンの行動学 - 行動神経内分泌学への招待 -　西村書店.

14) 日本獣医動物行動研究会（2018）体罰に関する声明　http://vbm.jp/seimei/85/

15) パメラ・J・リード（著）／大谷伸代（監修）／橋根理恵／松尾千彰（訳）（2007）エクセレレーティッド・ラーニング「イヌの学習を加速させる理論」　レッドハート.

16) レイモンド・G・ミルテンバーガー（著）／園山繁樹／野呂文行／渡部匡隆／大石幸二（訳）（2008）行動変容法入門 第2版　二瓶社.

第**8**章 幸せに暮らすための動物のトレーニング

17) 坂上貴之／井上雅彦（著）（2018）行動分析学 - 行動の科学的理解をめざして　有斐閣アルマ.
18) 上田恵介／岡ノ谷一夫／菊水健史／坂上貴之／辻和希／友永雅己／中島定彦／長谷川寿一／松島俊也（編）（2013）行動生物学辞典　東京化学同人.

第8章　幸せに暮らすための動物のトレーニング

編集後記

　「キキーッ！ドンッ……ダダダッ」きびしい暑さもやわらいできた秋の午後、飼い猫マレが家に跳んで帰ってきた。家の目の前の道で車にはねられたのだ。その1時間後ソファーで静かに息を引き取った。
　これで何度目だろうか。かわいがっていた動物を亡くすのは。マレと小さい頃からともに育ってきた娘は、遺体の側を離れず2日間食事がとれなかった。
　この本の前著『知りたい！やってみたい！アニマルセラピー』の執筆者とお会いしたのは、このすぐ後のことだった。

　小さい頃から、犬や猫、鳥など近くに動物がいることが当たり前のように暮らしてきたが、その分悲しい別れも多い。こればかりは多ければ慣れると言うものでは決してないことは、飼い主みんなが感じることだと思う。
　先の著書での一文、
　「多くの人が医療機関で最期を迎え、死が日常生活から隔絶されたものとなった現在、動物の死は子どもたちに多くのことを教えてくれる。生は有限であること、一度途絶えた命は二度と元に戻ることはなく、全ての生き物に共通であること。生が限られているからこそ生きている時間は尊く貴重なのである。」
　先日亡くなったマレも、形は変えて家族みんなの中でまだ息づいている気がした。

　人の死、動物の死、まったく同一かは人それぞれ受け止め方は違う。ただ、動物を家族として迎えた経験がある方々にとって、その存在は大きなことに変わりはないだろう。動物のことを理解し、良い関係を築くことができれば、生活に楽しみや彩りが加わり、最期には当然のように辛い別れが来ることになる。先の著書を編集したことで、それが健全な感情で、悲しい別れはむしろ、動物との良好な関係が築けたひとつの証だったのだと理解できた。

　あれから6年、毎年のように各地を襲う異常気象や災害は、人と動物を取り巻く環境へも多くの変化をもたらした。先の著書に大きな改変が必要になったことと同時に、今回は、現役獣医師も執筆者として加わっていただくことができた。4名の執筆者がより一層さまざまな視点から、人と動物の生と死に真正面から最大限の愛情をもって向き合っている。今回も何度、原稿に泣かされたことだろうか。
　本書が多くの人、たくさんの動物の、救いや助けになること、また、読者それぞれの心に残る一文が見つかることを切に願って。

本書、最初の読者

著者略歴

川添 敏弘 （かわぞえ としひろ）

酪農学園大学 獣医学群 獣医保健看護学類 教授（獣医師、公認心理士、臨床心理士）
酪農学園大学 酪農学部 獣医学科（獣医学学士）
東京家政大学 文学研究科 心理教育学専攻（文学修士）
横浜国立大学 環境情報学府（学術博士）
獣医師として家畜診療に7年、その後、臨床心理士となり公認心理師国家資格を取得。
これまで幼児教育と動物看護教育に携わり、現在はシェルターメディスンに取り組んでいる。

山川 伊津子 （やまかわ いつこ）

ヤマザキ動物看護専門職短期大学 動物トータルケア学科 教授（社会福祉士、精神保健福祉士、
認定動物看護師）
ヤマザキカレッジ（現 ヤマザキ動物専門学校）卒業
青山学院大学 第二文学部 英米文学科卒業
東京福祉大学 通信教育部 社会福祉学部 社会福祉学科卒業
目白大学大学院 生涯福祉研究科修了（社会福祉修士）
横浜国立大学 環境情報学府修了（学術博士）
動物を介在させた人の福祉とそれに伴う問題をVeterinary Social Workの側面から教育・研究
し、高齢者施設や小学校などで活動を実施している。

堀井 隆行 （ほりい たかゆき）

ヤマザキ動物看護大学 動物看護学部 動物人間関係学科 講師
麻布大学大学院 獣医学研究科 動物応用科学専攻 動物応用科学（修士）
人と動物の生活が豊かになるように、主に犬猫の動物行動学について教育研究に取組んでいる。
その他、動物病院での犬猫の行動カウンセリングや行動修正、トリミングサロンでの動物行動
学のアドバイザー、各種セミナー講師、ペット用品開発のアドバイスや関連物の監修、地域で
のアニマルセラピーなどに携わる。

橋本 直幸 （はしもと なおゆき）

倉敷芸術科学大学 生命科学部 動物生命科学科 助教（獣医師）
岐阜大学 農学部 獣医学科卒業
岡山大学 医歯薬総合研究科 病態制御科学専攻 消化器外科学（博士課程） 在学中
日本獣医がん学会認定医として、がんに罹患した動物の診療を中心に小動物医療に携わる。
大学院にて消化器がんの新規治療法に関する研究を行いながら、飼い主と動物のより良い別れ
について調査研究を行う。クロ猫3頭と犬1頭を飼育。

••

表紙デザイン・本文イラスト

善光 アスカ （ぜんこう あすか）

グラフィックデザイナー・イラストレーター
ヤマザキ動物看護短期大学卒業、ヤマザキ動物看護短期大学専攻課程修了、
VI・AHT・DGS・CGS・CDTの資格を取得。社会人経験を経てデザインの専門学校に入学。
大原情報デザインアート専門学校金沢校デザイン学科グラフィックデザインコース卒業。
現在は、金沢情報ITクリエイター専門学校（旧：大原情報デザインアート専門学校金沢校）
にて講師をしつつ、動物や似顔絵を中心としたイラストと、グラフィックデザイナーとして活
動中。

知りたい！ 考えてみたい！ どうぶつとの暮らし

2021 年 10 月 26 日　初版発行
2023 年　3 月 31 日　2 刷発行

監修・著者	川添　敏弘
著者	山川　伊津子
	堀井　隆行
	橋本　直幸
イラストレーター	善光　アスカ
DTP	ユーピー工芸
印刷・製本	丸井工文社
発行	株式会社 駿河台出版社
	〒 101-0062 東京都千代田区神田駿河台 3-7
	TEL 03-3291-1676 / FAX 03-3291-1675
	http://www.e-surugadai.com
発行人	井田　洋二